한 번만 읽으면 확 잡히는

중등 처음 물리1 힘과 열

한 번만 읽으면 확 잡히는

중등 처음 물리 1 힘과 열

김민우 김희경 지음

한얼

머리말

이 책을 누가 읽을지 상상해 보았습니다. 과학을 좋아하는 초등학생이거나 이제 막 중학교에 입학한 신입생일 수도 있고 과학이 어려운 중고등학생, 학부모님, 과학을 좋아하는 성인일 수도 있겠네요. 일상에서 경험할 수 있는 다양한 현상에서 과학을 쉽게 배우고 싶은 사람이라면 누구든 환영합니다.

이 책에서는 중학교 1학년 과학에 나오는 물리학에 관해 이야기합니다. 물리학은 무엇일까요? 물리학은 힘과 운동, 물질과 에너지, 빛과 파동, 전기와 자기 등을 설명하는 과학의 한 분야입니다. 원자와 같은 아주 작은 세계부터 우주와 같은 커다란 세상까지 다 물리학이 다루고 있지요. 여러분이 많이 알고 있는 과학자 뉴턴이 밝혀낸 만유인력의 법칙과 아인슈타인이 밝혀낸 상대성이론 그리고 여러분에게는 조금 생소할 수도 있지만 이제 많이 알려진 양자역학, 핵융합, 빅뱅 우주론 등도 물리학에서 다루는 주제입니다.

과학을 좋아한다면 위의 설명만 읽어도 더 많이 알고 싶다는 호기심이 생기고 여러 궁금증을 해결할 수 있을 거라는 기대감이 들겠지만, 평소 과학이 어렵다고 생각했다면 흥미가 생기면서도 한편으로는 두려움이 있을 거예요. 오히려 과학이 더 어렵게 느껴져서 흥미가 떨어질 수도 있고요. 하지만 아래 상황을 볼까요?

길을 가다가 미끄러져 넘어졌습니다.
마찰력이 작아서 미끄러졌다고 합니다. 그렇다면 마찰력이 큰 세상에서는 안 넘어졌을까요?

요즘 다이어트 중이라 아침마다 몸무게를 측정하고 있어요.
그런데, 과학을 잘하는 친구가 내 몸무게가 어디에서 측정하느냐에 따라 달라질 수 있다고 하네요. 정말일까요?

프랑스의 유명한 철탑인 에펠탑을 본 적이 있나요?
에펠탑의 높이는 측정할 때마다 달라질 수 있다고 합니다. 정확한 측정 장비를 사용해도요. 왜 그럴까요?

어떤가요? 뭔가 여러분의 마음속에 살짝 궁금함이 생기지 않나요? 중학교 1학년 과학을 공부한다면 위의 질문에 대답할 수 있답니다.

이 책은 중학교 1학년 과학의 한 분야인 물리학에 대해 여러분이 이해하기 쉽도록 설명하고 있습니다. 각 장의 핵심 내용을 담은 '이것만은 알아 두세요'를 통해 읽은 내용을 정리하고, '풀어볼까? 문제!'로 헷갈리는 문제를 풀어보면서 배운 내용을 좀 더 정확하게 이해할 수 있도록 하였습니다. 또한 '점프 활동'으로는 배운 내용을 바탕으로 재미있는 활동을 하거나 좀 더 어려운 질문에도 깊이 생각하고 답변할 수 있도록 했어요. 사실 궁극적으로는 여러분이 이 책을 통해 생활 속에서 경험하는 다양한 현상을 과학 그리고 물리학을 통해 더 깊게 이해하고, 앎의 즐거움을 느끼게 하고 싶습니다.

이 책을 읽고, 직접 해보고 배우면서 초등학교 때 배운 과학을 다시 확인해 보길 바랍니다. 또한 중학교에 올라가서 배우는 과학이 조금 어렵다고 느껴질 때 이 책이 과학 수업에 대한 흥미를 높이고, 많은 도움이 되기를 바랍니다.

김민우, 김희경

차례

Part 2. 열

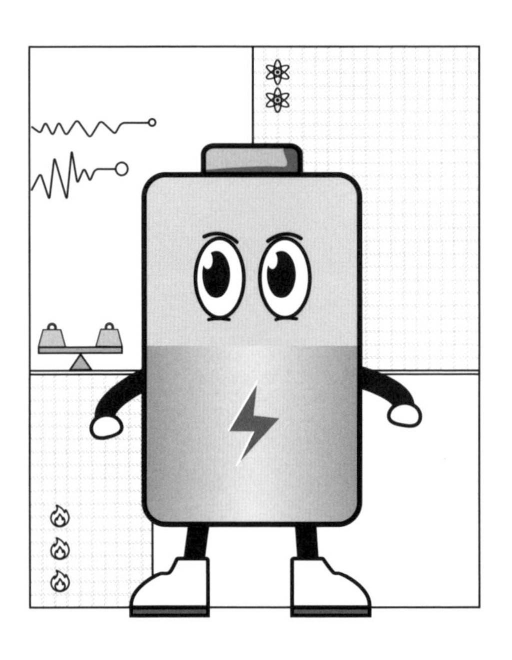

Part 1. 여러 가지 힘

과학에서의 힘

중력과 탄성력

마찰력과 부력

알짜힘과 운동 상태

도윤

도윤

힝… 아까 줄다리기 경기 6반
하고 완전 팽팽했는데!
갑자기 6반 쪽으로 확 끌려갔어!

괜찮아! 그래도 너희 이어달리
기는 1등 했잖아!

도윤

아, 줄다리기도 이기고 싶었는데!
근데, 힘을 주고 있는데도 어떻게
그렇게 확 끌려갔지?
천천히 끌려간 것도 아니고….

맞아. 너희 완전 포기한 사람들
같았다니까.

도윤

아니야!
우리 끝까지 힘을 주고 있었어!

그래? 갑자기 6반 애들이 힘이
더 세진 걸까?

과학에서의 힘

줄다리기에서 어느 한쪽의 힘이 약해지면 어떤 일이 벌어질까요?

줄다리기를 할 때 양쪽에서 당기는 힘의 크기가 같은 경우 줄은 움직이지 않습니다. 하지만 어느 한쪽의 힘이 약해지면 힘이 더 큰 반대편의 힘만 작용하게 됩니다. 이 힘을 '합력'이라고 합니다. 합력의 크기는 두 힘의 차이와 같아요.
물체에 힘이 작용하면 물체의 속력이 더 빨라집니다. 따라서 합력이 작용하는 방향으로 물체는 점점 더 빠르게 이동합니다. 이번 단원에서는 물체에 힘이 작용할 때 일어나는 변화와 합력에 대해 알아보겠습니다.

힘센 사람이 되기 위한 진짜 과학에서의 '힘'을 배우자!

과학에서의 '힘'을 소개합니다!

우리는 '힘'이라는 단어를 사용하여 아래와 같은 표현을 씁니다.

"시험공부를 하느라 너무 힘들어!"
"가방에 책을 많이 넣었더니 너무 무거워서 드는 데 힘들었어."
"우리는 모두 생각하는 힘을 키워야 해!"
"선생님이 칭찬해 주셔서 저에게 큰 힘이 되었습니다."

위 네 개의 문장 중 하나는 과학에서 말하는 '힘'과 관련이 있습니다. 무엇일까요? 네, 바로 두 번째 문장입니다. 두 번째 문장의 힘은 몸을 움직여서 무언가를 움직인다는 의미입니다. 다른 문장의 힘은 몸을 움직이기보다는 생각하거나 마음 쓰는 활동과 관련이 있어 보입니다.

즉, ‘힘’이라는 단어는 일상생활에서 ‘어렵거나 곤란하다’, ‘어떤 일을 할 수 있는 능력’, ‘일이나 활동에 도움이나 의지가 되는 것’ 등의 의미를 지닙니다. 하지만 과학에서는 주로 물체를 밀거나 당겨서 움직일 때 ‘힘이 작용한다’고 합니다.

두 상황에서 사용한 힘이 같은 뜻일까?

‘힘’이 작용하면 어떤 일이 벌어질까요?

물체에 힘이 작용하면 첫째, 물체의 모양이 변합니다. 말랑말랑한 풍선을 양손으로 꾹 누르면 풍선의 모양이 변해요. 빵을 만들 때 사용하는 밀가루 반죽도 양손으로 잡아당기거나 꾹꾹 누르는 힘이 가해지면 모양이 변합니다. 망치로 유리를 때리는 것처럼 약

한 물체에 아주 큰 힘이 작용하면 물체가 부서지는 등 큰 변화가 일어나기도 합니다.

물체에 힘이 작용하면 둘째, 물체의 빠르기가 변합니다. 가만히 있는 당구공을 큐(당구용 긴 막대기)로 밀면 당구공이 빠르게 움직입니다. 운동장에 놓인 축구공을 발로 힘껏 차면 축구공 역시 속력이 변하며 발로 찬 방향으로 움직입니다.

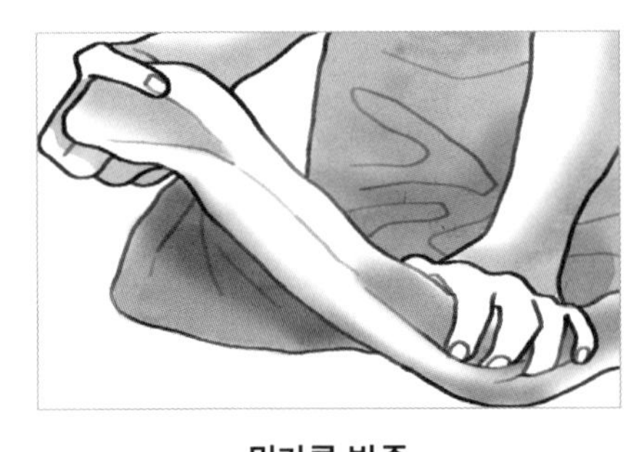

밀가루 반죽
잡아당기면 모양이 변한다

당구공
큐로 치면 공의 빠르기가 변한다

물체에 힘이 작용하면 마지막으로 물체의 운동 방향이 바뀝니다. 과학에서 '운동 방향'이란 물체가 움직이는 방향입니다. 야구 경기에서 타자가 자신에게 날아오는 야구공을 방망이로 힘껏 치면, 야구공의 모양이 변하고 움직이는 방향도 방망이로 밀어낸 방향으로 바뀌게 됩니다. 테니스 경기에서도 마찬가지입니다. 테니스 선수가 날아오는 테니스공을 라켓으로 치면, 테니스공 역시 모양이 변하면서 방향을 바꿔 라켓이 밀어낸 방향으로 움직입니다. 이렇게 물체는 힘이 작용했을 때 운동 방향이 바뀝니다.

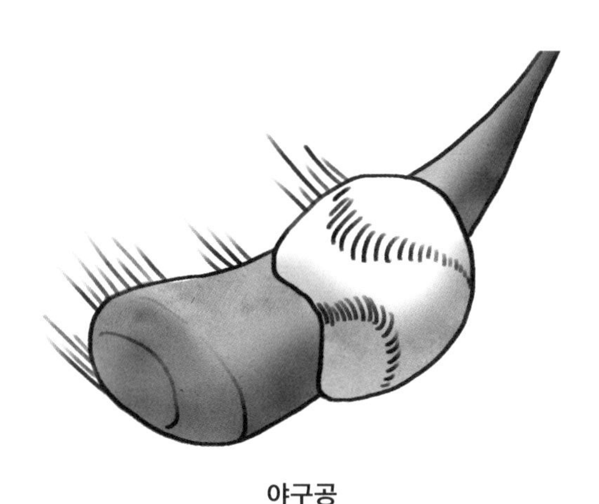

야구공
방망이로 치면 공의 모양이 찌그러지면서
운동 방향과 빠르기가 변한다

정리해 보면 물체에 과학에서 말하는 '힘'이 작용하면 물체의 모양, 빠르기, 운동 방향이 바뀌며, 힘이 셀수록 그 변화가 큽니다.

힘은 어떻게 표시할까요?

물체에 힘이 작용하는 것을 한눈에 알아보도록 표시하는 방법은 무엇일까요? 바로, 화살표를 사용하면 됩니다.

화살표의 시작점은 물체에 힘이 작용하는 지점을, 화살표의 길이는 힘의 크기를, 화살표의 방향은 힘이 작용하는 방향을 나타냅니다. 이렇게 화살표를 사용하니 힘이 어떻게 작용하는지 한눈에 알아볼 수 있죠?

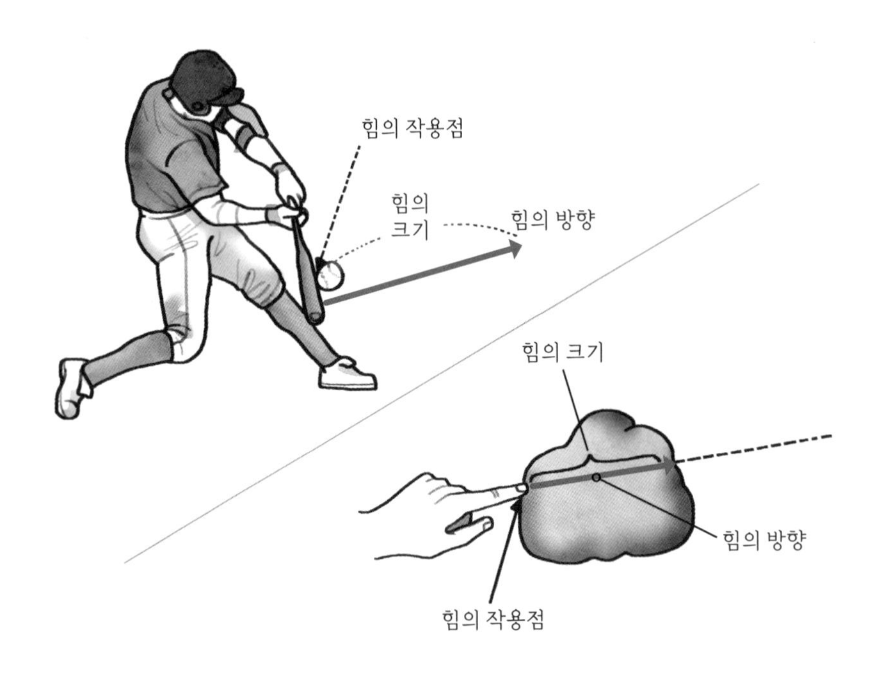

화살표를 이용한 힘의 표시

화살표는 힘이 작용하는 방향으로, 힘의 크기에 해당하는 길이만큼 그린다

힘의 세기도 표현하고 싶어요!

아이작 뉴턴

힘의 크기는 어떻게 구분할 수 있을까요? 힘의 크기를 나타내는 단위는 N(뉴턴)입니다. 만유인력의 법칙을 발견한 것으로 유명한 영국의 물리학자 아이작 뉴턴(Isaac Newton, 1642~1727)의 이름에서 유래했습니다.

우리는 N(뉴턴) 단위를 이용하여 1N, 2N, 5N 등 힘의 크기를 표시할 수 있습니다. 아래의 화살표에서 힘의 크기가 1N, 2N, 5N인 화살표를 구분해 볼까요?

난 1N이야. 화살표 길이가 짧지?

난 2N이야. 화살표 길이가 1N의 2배야.

난 5N. 화살표 길이가 1N의 5배처럼 보이니?

이것만은 알아 두세요

1. 과학에서의 '힘'은 물체를 밀거나 당길 때 일어난다.
2. 물체에 힘이 작용하면 물체의 모양, 빠르기, 또는 운동 방향이 변하며 작용하는 힘이 셀수록 더 많이 변한다.
3. 화살표를 사용하여 물체에 힘이 작용하는 것을 표시할 수 있다. 화살표의 시작점은 물체에 힘이 작용하는 지점, 길이는 힘의 크기, 방향은 힘의 방향을 나타낸다.
4. 힘의 단위는 N(뉴턴)을 사용한다.

풀어 볼까? 문제!

1. 과학에서 말하는 '힘'이 물체에 작용할 때 어떤 현상이 일어날까?

2. 다음 사진처럼 축구공을 찰 때 축구공에 작용하는 힘을 화살표로 표시해 보자.

정답

1. 물체에 힘이 작용하면 물체의 모양, 빠르기, 또는 운동 방향이 변하며, 작용하는 힘이 셀수록 변화가 더 크다.

2. 발이 공에 닿는 부분을 시작점으로 하고, 발이 밀어내는 방향으로 화살표를 그리면 된다.

〔점프 활동〕 배운 내용으로 고민하기 / 직접 해보기

막상막하의 줄다리기 대결이 펼쳐지고 있다. 양쪽이 팽팽한 힘으로 당기는 줄은 어느 쪽으로도 움직이지 않고 가만히 있다. 이때 줄에 작용하는 힘은 어떻게 표시할까? 그림에 표시해 보자.

정답

가운데 리본을 중심으로 두 개의 화살표를 반대 방향으로 그린다. 양쪽의 힘의 크기가 동일하므로 화살표의 길이는 같다.

힘을 줘도 안 움직여? 합력이 뭔데?

힘이 더해지면? 합력!

도윤: 한언아, 이 책꽂이 좀 같이 옮기자!
나 혼자서는 움직이는 게 너무 힘드네..

한언: 도윤이 너, 너무 힘이 없는 거 아니야? 그것도 혼자 못해?
힘센 형님이 도와주지!

도윤: 야! 말로만 힘자랑하지 말고, 빨리 와서 밀어봐!

한언: 알았어…. 자, 같이 밀자! 영차!

도윤: 와, 이렇게 쉽게 움직이다니! 고마워~ 한언아!

무거운 물체를 움직일 때 혼자 미는 것보단 둘이 미는 것이 더 쉽습니다. 왜냐하면 두 사람이 밀 때 힘이 합쳐져 물체에 더 큰 힘이 작용하기 때문이죠. 이렇게 물체에 둘 이상의 힘이 동시에 작용하여 하나의 힘처럼 작용하는 것을 합력이라고 합니다. '합해진 힘'이겠죠?

같은 방향으로 작용하는 두 힘의 합성

앞서 도윤이와 한언이는 물체에 같은 방향으로 힘을 주어서 움직일 수 있었답니다. 만약 한언이가 장난을 쳐서 도윤이와 반대 방향으로 힘을 주면 어떻게 되었을까요? 아마 움직이지 않거나 한언이가 힘이 더 세다면 도윤이가 미는 방향의 반대로 움직였을 거예요.

반대 방향으로 작용하는 두 힘의 합성

이처럼 어떤 물체에 힘이 같은 방향으로 작용하면 합력의 크기는 두 힘의 크기를 더한 것입니다. 만일 힘이 반대 방향으로 작용한다면 합력의 크기는 큰 힘의 크기에서 작은 힘의 크기를 뺀 것입니다. 그리고 물체는 큰 힘이 작용하는 방향으로 움직이게 됩니다.

여기서 주의할 것이 있는데요. 물체에 작용하는 두 힘이 나란해야 한다는 점입니다. 만일 한 물체에 두 힘이 비스듬하게 작용한다면 위의 방법으로는 합력의 크기를 구할 수가 없답니다. 계산 방법이 더 어려워져요.

나란하지 않게 작용하는 두 힘

이렇게 나란하지 않게 작용하는 두 힘은 단순하게
힘의 크기를 더하거나 빼서 구할 수 없다

합력이 0이 되면 어떻게 될까요?

그럼, 물체에 서로 반대 방향으로 같은 크기의 힘이 나란히 작용하면 어떻게 될까요? 이때 합력의 크기는 0이 됩니다. 물체는 아무런 힘을 받지 않는 것처럼 보이지요. 예를 들어 줄다리기할 때 양쪽에서 줄을 당겨도 움직이지 않는 경우가 해당하죠.

이처럼 두 힘의 합력이 0이 되어 물체에 아무런 힘이 작용하지 않는 것처럼 보일 때, 두 힘은 힘의 평형을 이룬다고 합니다.

힘의 평형은 두 힘의 크기가 같고, 물체에 작용하는 방향이 반대일 때 나타납니다.

이때 가운데 물체는 힘의 평형을 이룬 상태여서 움직이지 않는다

이것만은 알아 두세요

1. 물체에 둘 이상의 힘이 동시에 작용하여 하나의 힘처럼 작용할 때, 이 힘을 합력이라고 한다.
2. 물체에 힘이 같은 방향으로 나란히 작용하면 합력의 크기는 두 힘의 크기를 더한 것과 같다.
3. 물체에 힘이 반대 방향으로 나란히 작용하면 합력의 크기는 큰 힘에서 작은 힘을 뺀 값이며, 합력의 방향은 큰 힘이 작용하는 방향과 같다.
4. 물체에 작용하는 두 힘의 합력이 0이면 물체는 아무런 힘을 받지 않는 것처럼 보인다. 이때 두 힘은 힘의 평형을 이룬다고 한다.

풀어 볼까? 문제!

1. 물체에 작용하는 두 힘이 평형을 이루는 조건을 말해 보자.

2. 아래처럼 왼쪽 학생이 2N, 오른쪽 학생이 5N의 힘으로 물체를 밀고 있다. 합력의 크기와 방향을 계산해 보자.

정답

1. 물체에 작용하는 두 힘의 크기가 같고, 두 힘이 서로 반대 방향으로 작용해야 한다.

2. 합력의 크기는 큰 힘(5N)에서 작은 힘(2N)을 뺀 3N이며, 합력의 방향은 크기가 큰 힘과 같은 방향인 왼쪽 방향이다.

만일 물체에 작용하는 두 힘의 방향이 나란하지 않다면 합력의 크기는 두 힘의 방향이 나란할 때와 어떤 차이가 있을까?

두 힘이 나란하지 않을 때

두 힘이 나란할 때

정답

물체에 두 힘이 나란하지 않게 작용할 때는 나란하게 작용할 때보다 합력이 작다. 합력을 크게 하려면 같은 방향으로 힘을 작용해야 한다.

도윤

도윤

우리 누나 요즘 다이어트 한다고 난리야! 몸무게 많이 나간다고…. 내가 맛있는 거 먹으면 자기도 먹고 싶다고 못 먹게 한다니까!

그렇구나.
그럼, 이참에 너도 다이어트 하는 게 어때?내가 몸무게 적게 나가게 하는 확실한 방법을 알고 있는데….

도윤

오, 진짜? 뭔데?
난 괜찮고, 누나한테 방법 알려 주려고….

방법은… 두구두구두구~
바로 달에 가는 거야!

도윤

잉? 뭐야? 방법을 알려 달랬더니 엉뚱한 소리만 하네….

아이, 참! 진짜 달에 가면 몸무게가 준다고!
내가 유튜브에서 봤다니까?

도윤

야, 달에 어떻게 가냐?
그리고 달에 가는데 왜 몸무게
가 줄어?

흐흐흐… 일단 달에 가면 몸무
게는 지구의 $\frac{1}{6}$이 된대.
이유도 설명을 했는데… 다시 봐
야겠다.

아! 그리고 엘리베이터 타고 내
려갈 때도 몸무게가 줄어든다고
했어!

도윤

오잉? 엘리베이터 타고 내려가
도 몸무게가 준다고? 신기한
데? 일단 그 영상 나도 보여줘
… 너 거짓말이면 혼난다!

엘리베이터는 잠깐 줄어
드는 거래…ㅎ

이건 같이 해볼까?

⊕ ☺ #

중력과 탄성력

달에 가면 몸무게가 진짜 줄어들까요?

우리가 일상에서 사용하는 '무게'는 무거운 정도를 의미하는 말이지만, 과학에서의 '무게'는 지구가 물체를 잡아당기는 힘인 '중력의 크기'를 의미합니다.
물체를 잡아당기는 힘은 장소마다 달라질 수 있습니다. 예를 들어 지구에서 물체를 잡아당기는 힘의 크기, 달에서 물체를 잡아당기는 힘의 크기, 높은 산에서 물체를 잡아당기는 힘의 크기는 모두 다릅니다. 장소마다 물체를 잡아당기는 힘인 중력이 달라지기 때문입니다. 그러면 무게는 중력에 의해서만 결정될까요?
무게를 결정하는 다른 요인은 바로 물체의 '질량'입니다. 질량은 물체가 갖고 있는 고유한 특성으로, 장소가 바뀌어도 변하지 않습니다. 질량이 변하지 않는다면 달에서 무게가 줄어든다 해도 지구에서는 다시 무게가 늘어나죠. 이번 단원을 공부하면 무게와 질량의 차이를 좀 더 알게 될 거예요.

중력, 너의 몸무게의 비밀을 알려주마!

중력, 아래로 떨어지는 원인!

도윤: 한언아, 이거 봐! 스포츠클라이밍이라고 들어봤어? 실내에서 하는 암벽 등반 스포츠인데, 엄청 스릴 있어 보여!

한언: 스포츠클라이밍? 응, 들어본 적 있어. 그런데 이거 암벽 등반하는 사진 맞아? 땅바닥을 기어가는 거 같은데?

도윤: 아니야, 잘 봐. 절벽 같은 곳을 오르고 있는 거야.

한언: 하지만 아무리 봐도 사진으로는 바닥을 기어가는 거 같아. 사진이 돌아가 있나?

도윤: 앗, 그렇네… 미안. 사진상으로는 OOO이 아래쪽이네.

여러분도 사진의 비밀을 눈치채셨나요? 사진의 어느 쪽이 땅일까요? 네. 맞습니다. 사진의 왼쪽이 땅이죠. 어떻게 알 수 있었죠? 힌트는 바로 묶은 머리카락과 중간중간 보이는 고리가 달린 밧줄입니다. 머리카락과 고리가 달린 밧줄은 모두 왼쪽을 향하고 있습니다. 왜 그럴까요? 바로 왼쪽으로 지구의 중력이 작용하고 있기 때문입니다.

그렇다면 중력은 무엇일까요? 중력은 지구, 달 등과 같은 천체*가 물체를 끌어당기는 힘입니다. 즉, 지구의 중력은 지구가 물체를 끌어당기는 힘이에요. 중력이 작용하기 때문에 물체를 잡고 있다

* 우주에 존재하는 모든 물체로 항성, 행성, 위성, 혜성 등을 통틀어 이르는 말.

가 손을 놓으면 물체는 아래로 떨어지고, 실에 매달려 있는 물체는 아래를 향합니다.

중력의 방향은 아래 방향이 맞을까요?

들고 있던 공을 놓으면 모두 중력으로 인해 '아래 방향'으로 떨어져요. 그런데 둥근 지구에서 물체가 떨어지는 방향으로 선을 긋고 길게 연장해 보면 다음 그림과 같습니다.

즉, 지구에서 중력이 물체를 끌어당기는 방향은 지구 중심 방향입니다. 조금 어려운 말로 연직 방향이라고도 합니다. 연직 방향은 추를 실에 매달아 늘어뜨렸을 때 실이 나타내는 방향으로 이때 추가 향하는 방향이 바로 지구 중심 방향 즉, 중력 방향입니다. 우리는 중력 덕분에 지구의 표면인 땅에서 하늘로 날아가지 않고 잘 살아갈 수 있는 거예요.

물체마다 작용하는 중력의 크기가 달라요

그렇다면 지구가 물체를 끌어당기는 힘(중력)의 크기는 모든 물체가 같을까요? 아닙니다. 지구가 커다란 코끼리를 끌어당기는 힘의 크기는 크고, 작은 쥐를 끌어당기는 힘은 작아요. 앞의 경우 우리는 '무겁다'라는 표현을 쓰고, 뒤의 경우에는 '가볍다'라는 표현을 쓰며 물체의 무거운 정도를 나타냅니다. 즉, 물체에 작용하는 중력의 크기를 '무게'라고 하며, 무게를 나타낼 때는 힘의 단위인 N(뉴턴)을 씁니다. 무게는 가정용 저울이나 용수철저울을 사용하여 측정할 수 있습니다.

그렇다면 무게는 어디에서나 같을까요? 물체가 지구를 벗어나 달이나 다른 행성에 가면 그 행성에서 물체를 끌어당기는 힘인 중력이 달라져서 중력의 크기인 무게도 달라집니다. 예를 들어 달에서 물체에 작용하는 중력은 지구에서의 약 $\frac{1}{6}$배입니다. 따라서 달에서는 물체의 무게도 지구에서의 약 $\frac{1}{6}$배가 됩니다. 무게가 달라지다니, 신기하죠? 그런데 알아갈수록 무게와 중력의 개념이 헷갈리지는 않나요? 둘은 비슷한 것 같은데, 무슨 차이가 있는 거죠? 이 차이를 알려면 우리는 '질량'이 무엇인지 이해해야 해요.

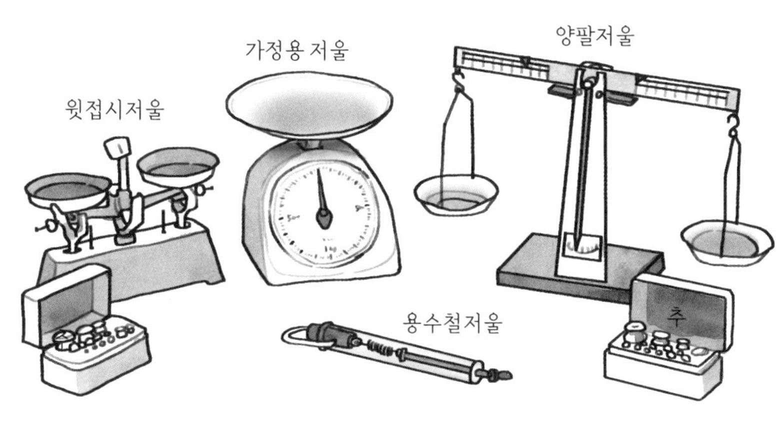

다양한 종류의 저울

질량과 무게는 어떤 차이가 있을까요?

달에서 잰 물체의 무게가 지구에서 쟀던 것보다 적어도 그 물체의 양이 줄어든 것은 아니에요. 물체의 양에는 아무런 변화가 없습니다. 사실 모든 물체는 장소와 무관하게 물체가 갖는 고유한 양이 있는데요. 우리는 이것을 질량이라고 합니다. 이 질량에 의해 물체의 무게가 결정되지요. 즉, 물체의 질량에 따라 지구나 달에서 물체를 끌어당기는 중력의 크기가 달라지고 그 결과 물체의 무게가 달라져요. 이 질량은 중력이 달라져도 바뀌지 않습니다.

질량은 kg(킬로그램)이라는 단위를 사용하여 그 양을 나타내며, 지구에서 질량 1kg의 물체는 약 9.8N의 무게로 측정됩니다. 질량을 측정할 때에는 양팔저울이나 윗접시저울을 사용하여 추와 비교해서 측정해요.

지구에서 질량이 6kg인 물체는 달에서도 6kg입니다. 하지만 달에서는 중력이 지구의 $\frac{1}{6}$배만 작용하므로, 지구에서는 무게가

58.8N이고 달에서는 9.8N입니다. 그래서 무게를 측정하는 용수철저울로는 지구에서의 결과와 달에서의 결과가 다르게 측정되고, 질량을 측정하는 양팔저울에서는 같게 측정이 됩니다.

참고로 용수철저울은 지구나 달이 잡아당기는 정도를 측정하므로, 지구와 달에서 다른 값을 가져요. 하지만 양팔저울은 왼쪽과 오른쪽이 동일하게 잡아당겨 평형을 이루는 상태로 값을 측정하므로, 왼쪽에 있는 물체는 오른쪽에 놓인 추의 (질량)값으로 측정됩니다.

참고 지구에서 1kg인 물체에는 9.8N의 중력이 작용하므로, 6kg의 물체에는 9.8N의 6배인 58.8N의 중력이 작용합니다. 즉, 무게는 58.8N입니다. 하지만 달에서는 지구 중력의 $\frac{1}{6}$배가 작용하므로 달에서 1kg의 물체에는 지구 중력의 $\frac{1}{6}$배인 약 1.63333...N의 힘이 작용합니다. 따라서 달에서 6kg인 물체는 1.63333...N의 6배인 9.8N이 작용하여 무게는 9.8N이 됩니다.

중력, 무게, 질량의 개념을 다시 한번 정리해 볼까요? 질량은 물체가 가진 변하지 않는 고유한 양을 나타냅니다. 중력은 기준이

되는 질량(1kg)을 가진 물체를 달, 지구와 같은 천체가 끌어당기는 힘입니다. 그리고 무게는 다양한 질량을 가진 물체를 천체가 끌어당기는 힘의 크기입니다. 정리가 되었나요?

우리는 왜 일상에서 무게를 kg으로 표시할까요?

앞서 무게의 단위는 N(뉴턴)이라고 했어요. 그런데 우리는 평소 몸무게를 측정할 때 kg(킬로그램)이라는 단위를 사용하고 있어요. 몸무게도 '무게'인데, kg이라니요? 가정용 저울도 분명 무게를 측정하는 장치라고 했는데 눈금에는 kg이 표시되어 있습니다.

이게 어떻게 된 일일까요? 사실 잘못된 것은 없습니다. 체중계나 가정용 저울은 우리가 일상에서 더 많이 사용하는 단위인 kg으로 변환해서 무게를 나타내요. 즉, 우선 중력에 따라 무게를 측정하고, 그 값을 지구의 중력 크기를 고려하여 질량으로 변환해 보여주는 거예요.

이것만은 알아 두세요

1. 중력: 천체가 물체를 끌어당기는 힘. 지구의 중력은 지구가 물체를 끌어당기는 힘으로 방향은 지구 중심 방향이다.
2. 무게: 중력의 크기. 단위는 N(뉴턴)을 사용하고 장소에 따라 변할 수 있으며 용수철저울이나 가정용 저울 등을 사용하여 측정한다.
3. 질량: 장소와 상관없이 물체가 갖는 고유한 양. 단위는 kg(킬로그램)을 사용하며, 양팔저울이나 윗접시저울을 사용하여 측정한다.

풀어 볼까? 문제!

1. 중력이란 무엇이며, 지구에서 어떻게 작용하고 있을까?

2. 무게와 질량의 차이를 설명하고, 어떤 도구를 사용해서 측정하는지 설명해 보자.

3. 질량이 60kg인 물체를 지구에서 측정할 때의 무게와 달에서 측정할 때의 무게를 적어 보자.

정답

1. 중력이란 천체가 물체를 끌어당기는 힘을 말한다. 지구에서는 지구상에 있는 모든 물체에 중력이 작용하고 있으며, 지구의 중심 방향으로 물체를 끌어당기고 있다.

2. 무게는 중력의 크기를 의미하며, 장소에 따라 달라질 수 있다. 하지만 질량은 물체가 가진 고유한 양으로 장소에 따라 변하지 않는다. 무게를 측정할 때는 용수철저울이나 가정용 저울 등을 사용하며, 질량을 측정할 때는 양팔저울이나 윗접시저울을 사용하여 물체와 추를 비교하여 측정한다.

3. 지구상에서 1kg의 물체는 9.8N의 무게를 가지므로, 60kg 물체의 무게는 588N이다. 또한 달에서는 지구의 중력의 $\frac{1}{6}$배만 작용해서 물체의 무게 역시 지구에서의 $\frac{1}{6}$배가 되므로 98N이 된다.

〔점프 활동〕 배운 내용으로 고민하기 / 직접 해보기

1. 집이나 학교에 엘리베이터가 있다면, 엘리베이터에 체중계를 놓고 그 위에 올라가 보자. 그리고 엘리베이터가 움직일 때 내 몸무게가 달라지는지 확인해 보자.

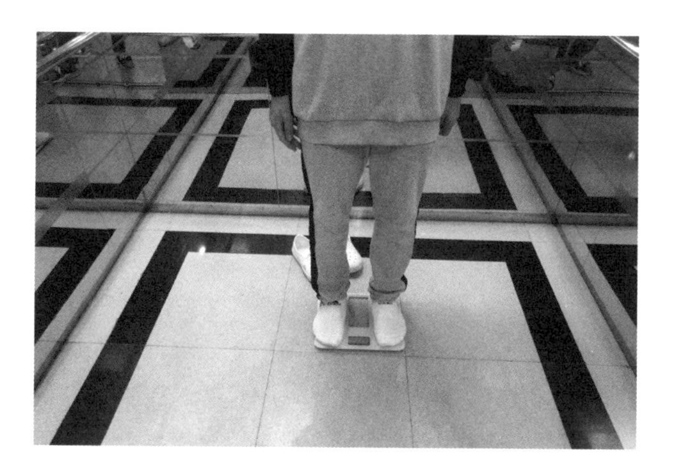

2. 스마트폰에 아래 애플리케이션을 설치하면 중력을 측정할 수 있다. 여러 장소에서 중력을 측정해 보자.

sensors (센서 도구 상자)

Gravity(중력) 선택 후
Z축 값 읽기

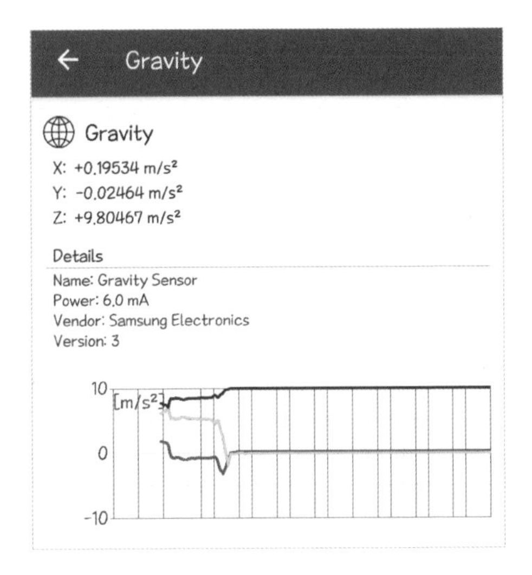

phyphox

Acceleration with g 선택 후
ABSOLUTE 선택
화면 상단의 ▶ 버튼 누르고
하단의 숫자 읽기

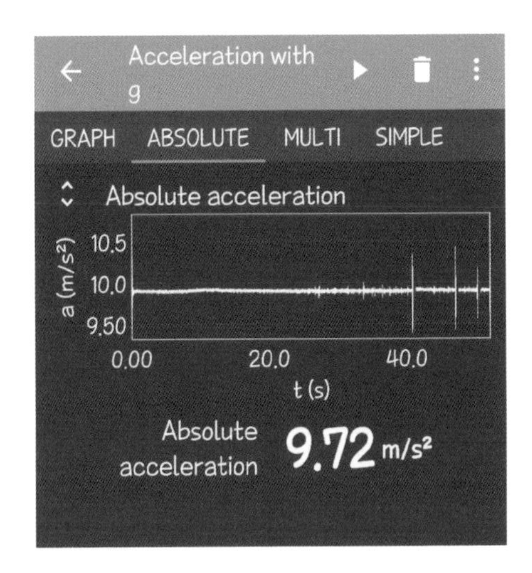

탄성력, 나 원래대로 돌아갈래!

원래대로 돌아가려는 힘, 탄성력

도윤: 체육복이 작아져서 어제 엄마가 새로 사주셨는데, 허리가 너무 꽉 조이더라고. 체육 시간에 움직이는 데 너무 불편했어.

한언: 그래? 체육복 바지 허리를 있는 힘껏 늘이면 되지 않을까?

도윤: 글쎄, 새 체육복이어서 허리에 있는 고무줄을 계속 늘여도 다시 원상태로 돌아가는데, 정말 늘어날까?

한언: 계속 늘이면 늘어난다니까?

도윤: 너, 탄성력을 모르는구나? 다시 원래대로 돌아간다니까?

한언: 탄성력? 그래? 그래도 오래된 체육복은 늘어나던데….

고무 밴드를 잡아당겼다 놓으면 늘어났던 고무 밴드는 원래대로 돌아갑니다. 이처럼 변형된 물체가 원래의 모양으로 되돌아가려는 성질을 '탄성'이라 하고, 탄성이 있는 물체를 '탄성체'라고 합니다. 탄성체의 예로는 우리가 흔히 볼 수 있는 고무로 만든 물체나 용수철 등이 있습니다.

그리고 물체가 지닌 탄성에 의해 나타나는 힘을 '탄성력'이라고 합니다.

탄성력의 방향과 세기는?

아래 그림처럼 용수철을 오른쪽으로 잡아당기거나 왼쪽으로 밀면 탄성력은 힘이 작용하는 반대 방향으로 작용합니다. 즉, 용수철을 오른쪽으로 잡아당기면 용수철에는 왼쪽으로 당기는 탄

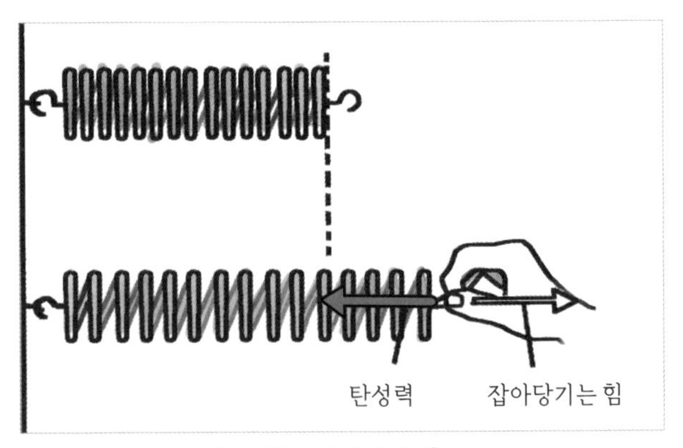

용수철을 잡아당길 때

용수철을 오른쪽으로 잡아당기면 용수철이 손을 왼쪽으로 당긴다

성력이 작용하고, 용수철을 왼쪽으로 밀면 오른쪽으로 밀어내는 탄성력이 작용합니다.

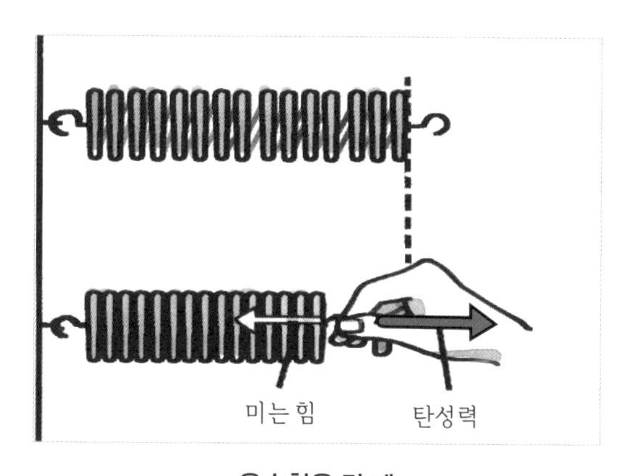

용수철을 밀 때

용수철을 왼쪽으로 밀면 용수철이 손을 오른쪽으로 민다

또한, 용수철을 잡아당기거나 밀 때 손에 작용하는 탄성력의 크기는 용수철이 늘어나거나 압축된 길이에 비례해요. 따라서 용수철의 길이가 많이 변할수록 탄성력도 커지고, 이 힘은 손이 용수철에 작용한 힘의 크기와 같습니다.

탄성체가 항상 원래대로 돌아가지는 않아요

그러면 용수철을 아주 길게 늘이거나 압축시키면 탄성력도 그만큼 커질까요? 대부분의 탄성체에는 '탄성 한계'라는 것이 있어요. 탄성 한계는 외부의 힘으로 변형된 물체가 그 힘을 없애면 본래 상태로 돌아가는 힘의 범위를 말합니다. 만일 탄성체에 탄성 한계를 벗어나는 큰 힘이 가해지면, 물체는 원래 상태로 돌아가지 않게 됩니다. 따라서 용수철도 너무 길게 늘이거나 압축시키면 탄성 한계를 벗어나 탄성력이 제대로 작용하지 않게 됩니다. 용수철이 늘어나서 원래 상태로 돌아가지 않게 되거나 고무줄이 끊어지는 경우가 이에 해당합니다.

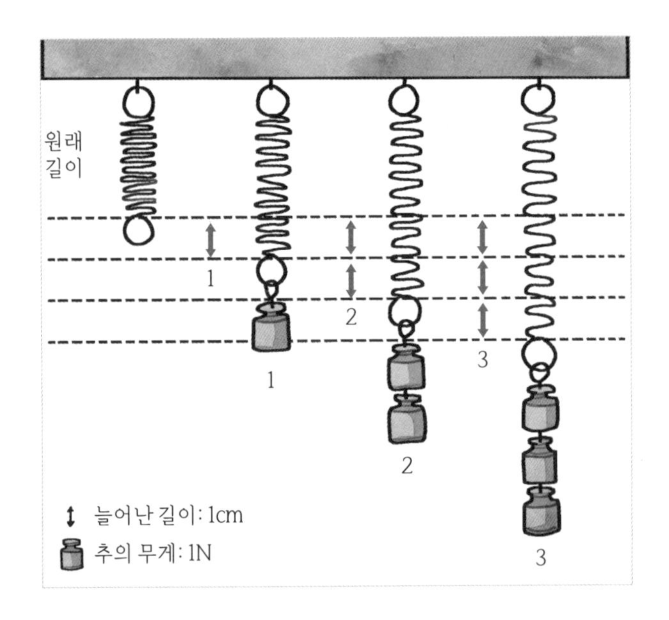

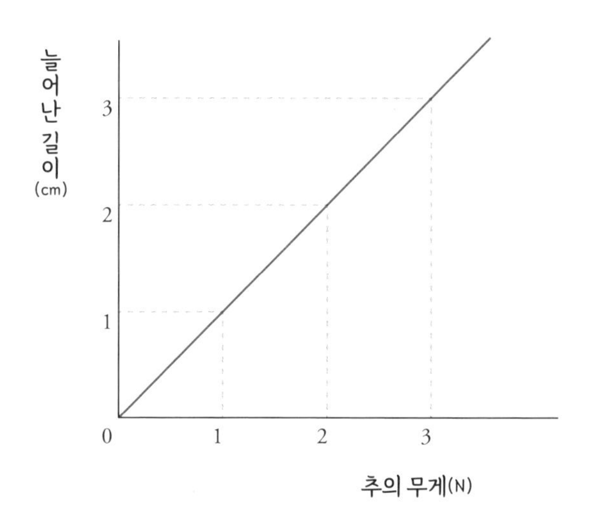

그림과 그래프를 보면 무게가 같은 추 2개를 용수철에 매달면 1개를 매달 때보다 용수철이 늘어난 길이가 2배가 되고, 추 3개를 매달면 늘어난 길이도 3배가 됩니다. 이처럼 물체의 무게가 무거워질수록 용수철이 늘어나는 길이도 비례하여 길어져요. 이러한 성질을 이용하여 용수철저울이나 가정용 저울은 물체의 무게를 측정할 수 있습니다.

탄성력은 어디에 이용될까요?

탄성력이 이용되는 예는 주변에서 쉽게 찾아볼 수 있습니다. 양궁은 활의 탄성력을 이용하여 화살을 날려 보내고, 농구공은 공의 탄성력에 의해 튀어 올라요. 기타 줄을 튕길 때 소리가 나는 것은 기타 줄의 탄성 때문이지요. 볼펜이나 샤프펜슬 같은 필기구 안에도 용수철을 넣어 볼펜심이나 샤프심을 내보낼 수 있게 만들었고, 컴퓨터 키보드에도 탄성력을 활용해 자판을 눌렀을 때 계속 눌린 상태로 있지 않고 곧 다시 튀어 오르도록 설계했습니다.

기타 줄에도 탄성이 있어 튕기면 늘어났다
줄어들었다를 반복하며 소리가 난다

볼펜 내부에는 용수철이 있어 윗부분을 누르면
볼펜심이 나오거나 원상태로 들어갈 수 있다

키보드 자판에도 용수철이 들어있어 손가락으로
눌렀다 놓으면 다시 튀어나오게 된다

이것만은 알아 두세요

1. 탄성: 변형된 물체가 원래의 모양으로 되돌아가려는 성질
2. 탄성체: 탄성이 있는 물체
3. 탄성력: 물체가 지닌 탄성에 의해 나타나는 힘
4. 탄성력은 힘이 작용하는 반대 방향으로 작용하며, 탄성력의 크기는 용수철이 늘어나거나 압축된 길이에 비례한다.
5. 용수철은 늘어난 길이와 탄성력이 비례하는 성질이 있어서 이를 이용하면 무게 등을 측정할 수 있는 용수철저울을 만들 수 있다.

풀어 볼까? 문제!

1. 용수철을 잡아당길 때, 탄성력의 방향과 크기에 대해 설명해 보자.

2. 길이가 10cm인 용수철에 무게가 20N인 물체를 매달았더니 용수철의 전체 길이가 16cm가 되었다. 이 용수철에 무게가 10N인 물체를 매달면 용수철의 전체 길이는 몇 cm가 될까?

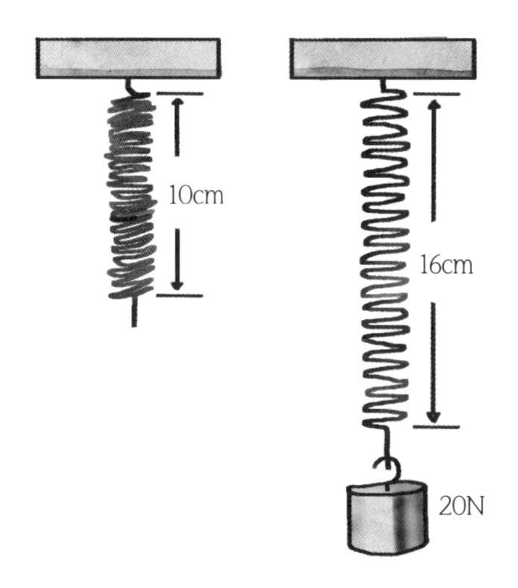

정답

1. 용수철을 잡아당기면 잡아당기는 반대 방향으로 탄성력이 작용한다. 탄성력의 크기는 용수철이 늘어난 길이에 비례하며 잡아당기는 힘과 동일하다.

2. 용수철에 20N의 추를 매달았을 때, 원래 길이에서 6cm가 늘어났다. 10N 물체는 원래 매달았던 무게의 $\frac{1}{2}$배이므로 늘어난 길이도 $\frac{1}{2}$배(3cm)가 된다. 따라서 용수철에 무게가 10N인 물체를 매달면 용수철은 원래 길이인 10cm에 늘어난 길이 3cm를 더해서 총 13cm가 된다.

[점프 활동] 배운 내용으로 고민하기 / 직접 해보기

아래 그림을 참고하여 고무줄과 나무젓가락으로 나만의 고무줄총을 만들어 보자. 그리고 멀리 날아가는 고무줄총을 만들기 위해서는 어떻게 해야 할지 고민해 보자.

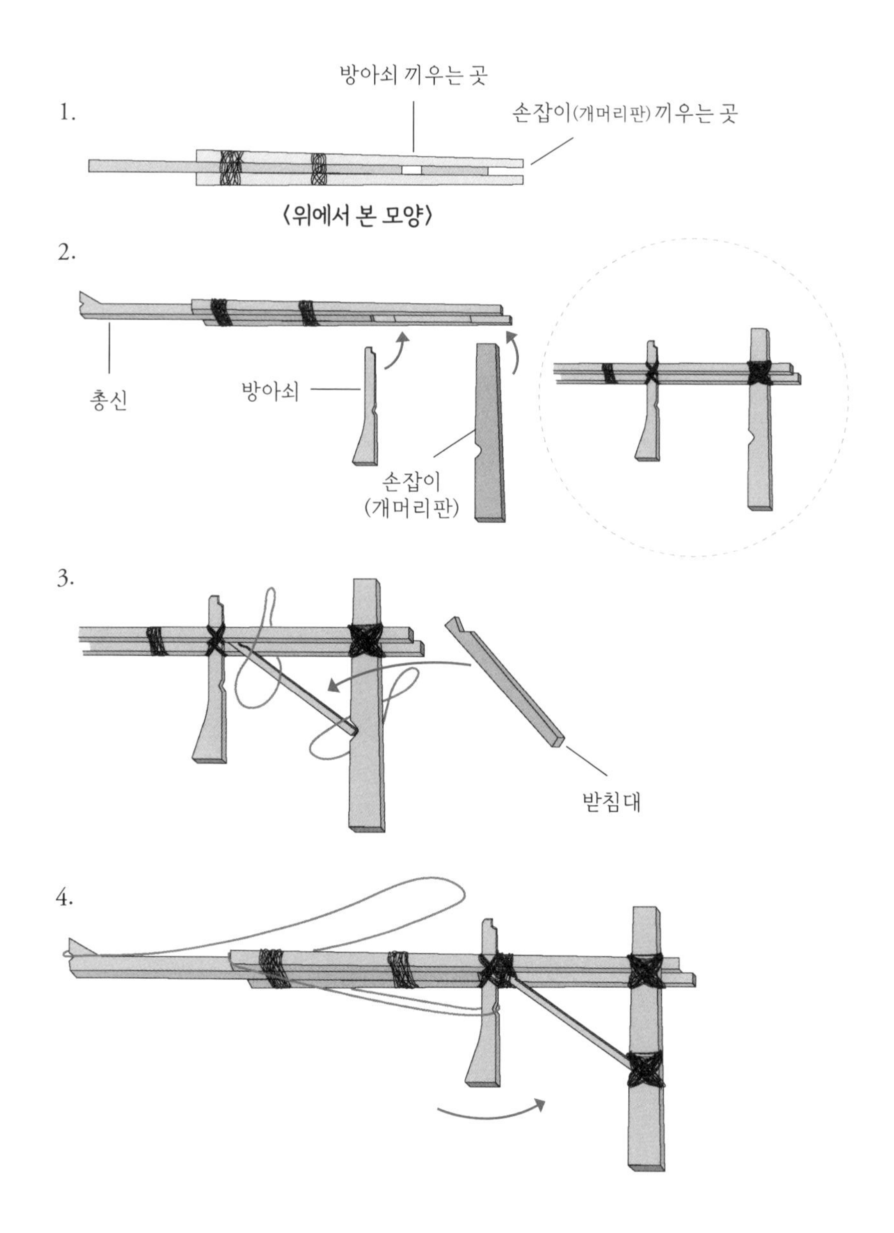

한언

한언

도윤아, 어제 우주비행사 무중력 체험이라는 영상을 봤는데, 너무 재밌을 것 같더라. 공중에 둥둥 떠다니는 건 어떤 느낌일까?

commons.wikimedia ©Al Powers, Powers Imagery.com

너도 봤구나! 진짜 재미있을 것 같지?

혹시 기억나? 전에 과학 선생님이 우리가 쉽게 무중력을 느낄 수 있는 곳이 있다고 하셨던 거?

한언

정말? 거기가 어딘데?

수영장! 수영장에서 무중력을 느낄 수 있다고 하셨어. 물속 부력 때문에 중력이 사라진다고 하셨던 것 같아.

한언

수영장에서 잠수하면 몸이 둥둥 떠오르기는 했어. 그런데 부력이 뭐였지?

부력은 물체를 뜨게 하는 힘일걸?

난 부력이 중력을 사라지게 한다는 말이 신기했어.

한언

부력, 중력 다 너무 어렵다! 그냥 빨리 수영장에 가서 무중력을 느끼고 싶어!

그럼 같이 수영장 가자!

마찰력과 부력

수영장에서 무중력을 느낄 수 있을까요?

지구상 모든 곳에서는 지구 중심을 향하는 중력이 작용합니다. 하지만 물속에서는 중력과 반대 방향으로 물체를 떠오르게 하는 힘인 부력도 작용합니다. 이 두 힘의 크기를 비슷하게 만들면 힘의 합력에 의해서 힘이 작용하지 않는 것처럼 보이게 됩니다. 즉, 중력이 작용하지 않는 무중력을 느끼게 되는 거죠.

마찰력, 있는 것이 좋을까? 없는 것이 좋을까?

마찰력, 운동을 방해하는 힘

아래 사진처럼 학교 계단 모서리에 무엇인가 붙어 있는 것을 본 적 있지요? 이것은 미끄럼 방지 띠라고 하는데, 계단 모서리에 신발이 미끄러지지 않게 하려고 붙여 놓은 것입니다. 이처럼 두 물체의 접촉면 사이에서 물체의 운동을 방해하는 힘을 마찰력이라고 합니다. 혹시 물체에 힘을 작용했는데, 물체가 움직이지 않

았던 적이 있나요? 바로 물체에 운동을 방해하는 마찰력이 작용하기 때문에 일어나는 현상이랍니다.

마찰력의 방향은 어디일까요?

아래 그림처럼 나무토막에 용수철을 매달고 천천히 당기면 처음에는 나무토막이 움직이지 않습니다. 하지만 작용하는 힘이 점점 커지다 보면 어느 순간 나무토막이 움직이지요. 이때 힘의 크기가 약 2N이라면 나무토막의 운동을 방해하는 마찰력의 크기도 약 2N이 됩니다. 즉, 마찰력의 크기는 물체에 작용한 힘의 크기와 같으며, 방향은 작용한 힘의 방향과 반대 방향입니다.

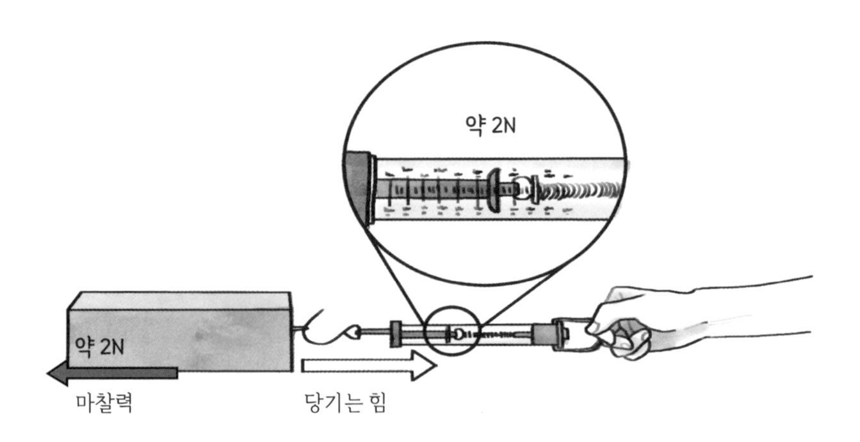

마찰력에 영향을 주는 요인은 무엇일까요?

마찰력에 영향을 주는 요인은 무엇일까요? 바닥에 놓인 상자를 밀어본 경험이 있나요? 가벼운 상자를 밀면 쉽게 밀리지만, 무거운 상자는 잘 밀리지 않았을 거예요. 이처럼 마찰력은 물체의 무게가 무거울수록 커집니다.

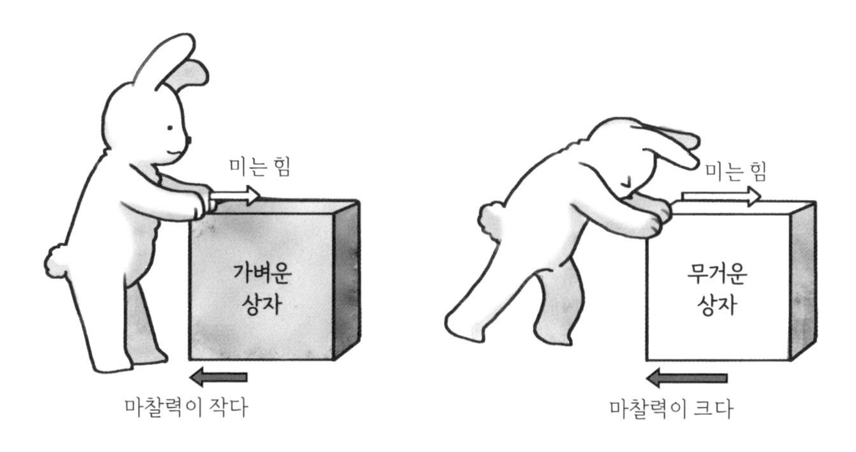

무게와 마찰력

마찰력에 영향을 주는 다른 요인은 또 무엇일까요? 마찰력은 물체가 닿는 접촉면의 성질에 따라서도 달라져요. 비눗물이 묻은 플라스틱처럼 접촉면이 매끄럽다면 마찰력이 작아지고, 흙바닥처럼 접촉면이 거친 경우는 마찰력이 커집니다.

마찰력이 큰 것이 좋을까요? 작은 것이 좋을까요?

그렇다면 일상생활에서 마찰력이 큰 게 좋을까요, 작은 게 좋을까요? 사실 둘 중 어느 것이 좋다고 말할 수는 없습니다. 마찰력이 클수록 유리한 때가 있고, 작을수록 유리한 때도 있기 때문입니다. 각각의 경우를 살펴볼까요?

우선 마찰력이 커야 유리한 경우입니다. 암벽을 오를 때는 손에 초크 가루를 묻혀 손이 암벽에서 미끄러지는 것을 방지해요. 또한, 등산할 때는 바닥이 울퉁불퉁한 등산화를 신어서 신발이 미끄러지는 것을 방지하죠. 겨울철 눈이 오면 자동차 바퀴에 체인을 감아서 자동차가 눈길에서 미끄러지는 것을 방지하며, 우리가

손과 암벽 사이의 마찰력이 커야 암벽을 오를 수 있다

필기할 때 쓰는 볼펜 같은 필기구도 손으로 잡는 부분에 고무를 덧대어 손에서 미끄러지는 것을 방지합니다.

자동차 바퀴의 체인은 마찰력을 크게 하여
눈길에서 미끄러지는 것을 방지한다

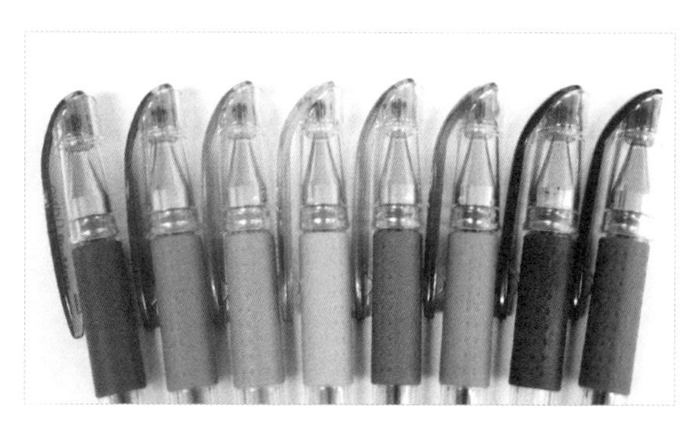

볼펜 손잡이 부분의 고무는 마찰력을 크게 하여
손에서 미끄러지는 것을 방지한다

이번에는 마찰력이 작아야 유리한 경우입니다. 자전거 바퀴 축에 윤활유를 뿌리면 마찰력이 작아져 바퀴가 잘 회전하게 됩니다. 또한, 수영장에서는 미끄럼틀을 매끄럽게 하려고 물을 뿌리며, 피젯 스피너 등에 사용되는 베어링은 마찰력을 작게 하여 회전이 빨라지게 합니다.

자전거 바퀴 축에는 윤활유를 뿌려 마찰력을 작게 하여
바퀴가 잘 회전하도록 한다

수영장 미끄럼틀에 물을 뿌려 마찰력을 작게 하여
잘 미끄러지도록 한다

피젯 스피너 안 베어링은 마찰력을 작게 하여
피젯 스피너가 빠르게 회전하도록 도와준다

이것만은 알아 두세요

1. 마찰력: 두 물체의 접촉면 사이에서 물체의 운동을 방해하는 힘. 물체의 운동 방향과 반대 방향으로 작용한다.
2. 마찰력은 물체의 무게가 무거울수록, 접촉면이 거칠수록 커진다.
3. 외부의 힘과 마찰력의 크기가 같다면 물체는 움직이지 않는다.
4. 등산화 바닥, 스노체인, 필기도구의 고무 등은 마찰력을 크게 하여 사용하는 경우이고, 자전거 바퀴 축의 윤활유, 수영장 미끄럼틀의 물 등은 마찰력을 작게 하여 사용하는 예이다.

풀어 볼까? 문제!

1. 아래 그림에서 물체에 작용하는 마찰력을 화살표로 표시해 보자.

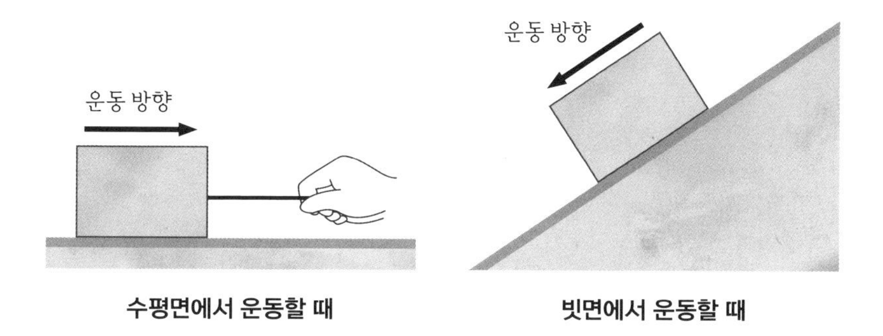

수평면에서 운동할 때 **빗면에서 운동할 때**

2. 마찰력을 크게 하는 방법을 설명해 보자.

3. 우리 주변에서 마찰력이 클 때 유리한 경우와 마찰력이 작을 때 유리한 경우를 찾아 보자.

정답

1. 운동 방향과 반대 방향으로 마찰력이 작용하므로 아래와 같이 화살표를 표시한다.

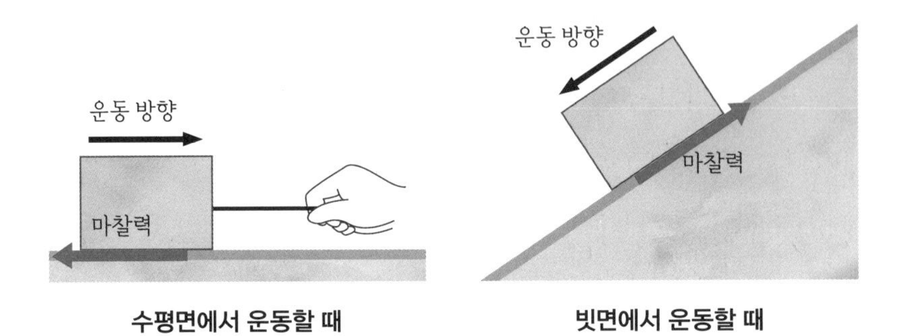

수평면에서 운동할 때　　　　빗면에서 운동할 때

2. 물체의 무게를 많이 나가게 하거나, 물체와 닿는 표면을 거칠게 하면 마찰력이 커진다.

3. 등산화의 울퉁불퉁한 바닥, 눈 올 때 자동차 바퀴에 씌우는 스노체인, 필기도구의 고무 등은 마찰력이 클수록 유리하게 사용되는 경우이고, 자전거 바퀴 축의 윤활유, 수영장 미끄럼틀의 물 등은 마찰력이 작을수록 유리해지는 경우이다.

〔점프 활동〕 배운 내용으로 고민하기 / 직접 해보기

병뚜껑과 누르는 볼펜으로 병뚜껑 컬링을 해 보자.

준비물: 컬링판, 병뚜껑 4개, 누르는 볼펜

1. 컬링 스톤 그림을 가위로 오려서 병뚜껑 위에 붙여준 다음 컬링 스톤을 만든다.
2. 컬링판은 투명 L자 파일이나 OTP 용지에 넣거나 붙여서 표면을 미끌미끌하게 만든다.
3. 볼펜의 누르는 부분이 튕겨나오는 힘으로 시작점에서 컬링 스톤을 친다.
4. 자기 컬링 스톤을 하우스(원 중심)에 더 가까이, 더 많이 두면 이긴다.

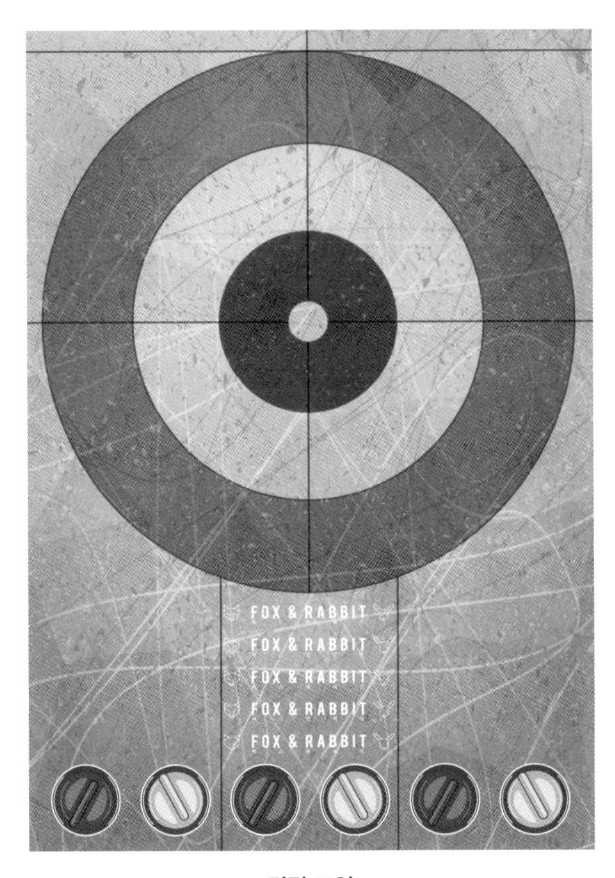

컬링 도안

(출처: https://m.blog.naver.com/fox-rabbit/222145715582)

부력, 뜨는 데는 다 이유가 있어!

부력, 기체와 액체가 도와주는 힘

한언: 요새 수영을 배우는데, 드디어 몸이 물에 떠!

도윤: 오, 너무나 당연한 일인데? 부력을 안다면 말이지!

한언: 쳇! 되게 쉽게 말하네. 넌 물속에 들어가서 잘 뜰 수 있어?

도윤: 하하! 난 물이 무서워서 잘 뜨지는 못해. 몸이 떠오르는 느낌은 드는데 말이야. 원래 이론상 부력 때문에 물에 떠야 하는데.

한언: 물에 뜨는 거 되게 쉬워. 그냥 몸을 쫙 펴고 누우면 돼. 그런데, 부력이 정확히 뭔데?

도윤: 음… 그건 물체가 떠오르도록 물이나 공기가 도와주는 힘이야. 헬륨 풍선이 뜨는 것도 부력 때문이야!

여러분은 물속에 들어갔을 때 몸이 평소보다 가벼워지는 것을 느낀 적이 있나요? 물속에서 몸이 평소보다 가볍게 느껴지는 이유는 액체인 물이 우리 몸을 밀어 올리기 때문입니다. 이와 비슷하게 헬륨이 든 풍선이 공기 중에서 떠오르는 것 역시 공기가 풍선을 밀어 올리기 때문입니다.

이처럼 공기나 물과 같은 기체와 액체가 물체를 밀어 올리는 힘을 '부력'이라고 합니다. 부력은 지구의 중력과 반대 방향으로 작용합니다.

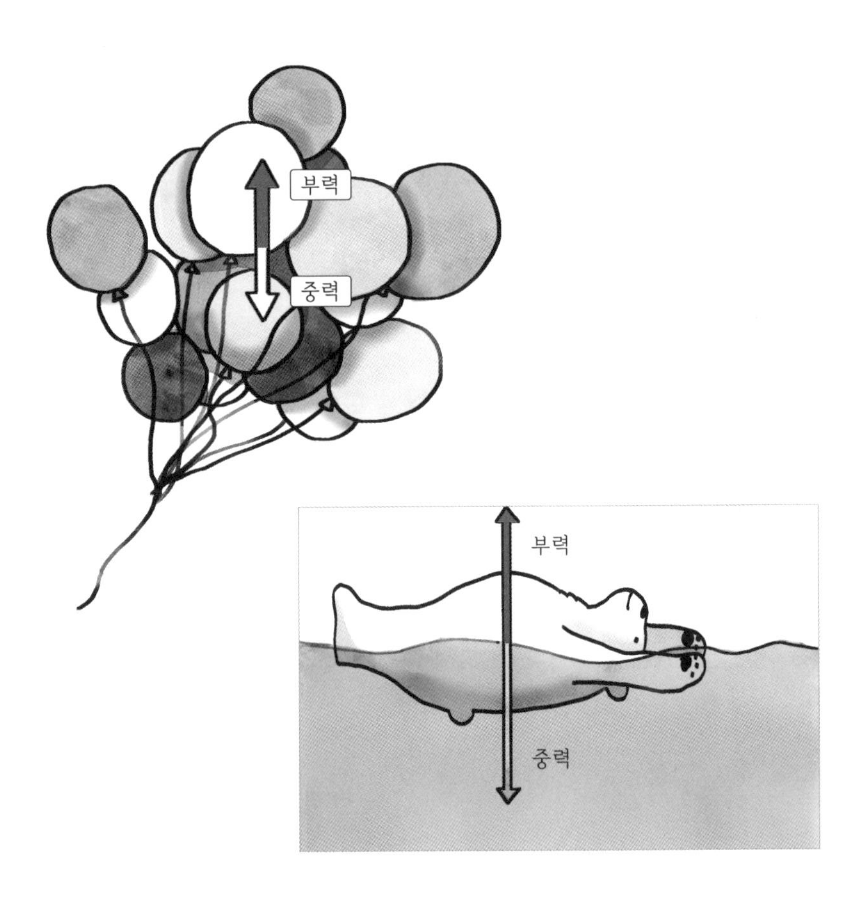

부력의 크기는 언제 커질까요?

수영장에서 우리 몸을 물에 더 잘 뜨게 하는 방법은 무엇일까요? 잘 모르겠으면 아래 실험을 잠시 볼까요?

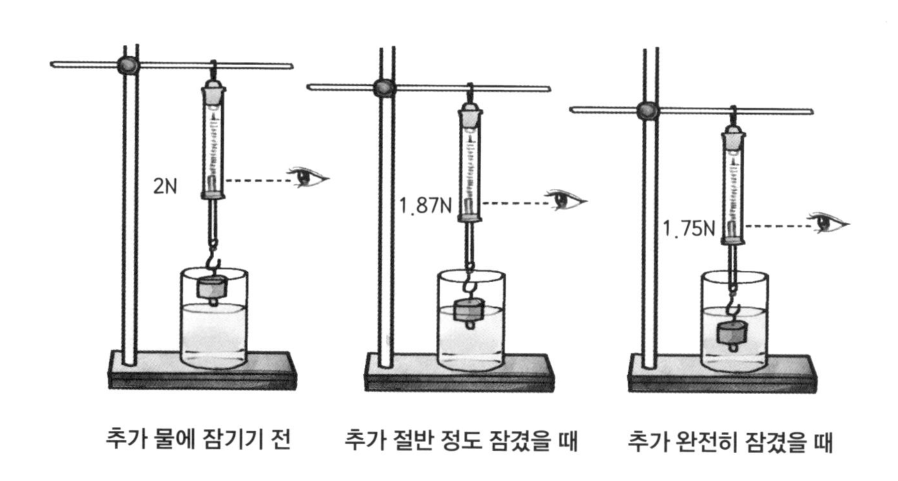

추가 물에 잠기기 전 　 추가 절반 정도 잠겼을 때 　 추가 완전히 잠겼을 때

세 가지 다른 조건에서 추의 무게를 측정해 보겠습니다. 첫 번째는 공기 중에서, 다음으로는 추의 일부를 물에 잠기게 하고, 마지막으로 추를 물에 완전히 잠기게 하고 무게를 측정해 봐요. 언제가 가장 가벼운가요? 네, 추를 물에 완전히 잠기게 했을 때 가장 무게가 적게 나갑니다.

즉, 물에 잠긴 추의 부피가 커질수록 추에 작용하는 부력도 커집니다. 같은 무게의 물체라 하더라도 물에 잠기는 부피에 따라 작용하는 부력이 달라지는 거예요.

아래 그림처럼 무게가 같은 알루미늄 포일이어도 배 모양으로 접어서 물에 띄울 때와 공으로 뭉쳐서 물속에 넣을 때, 물에 잠긴 부피가 크면 잘 떠오르는 것을 알 수 있습니다.

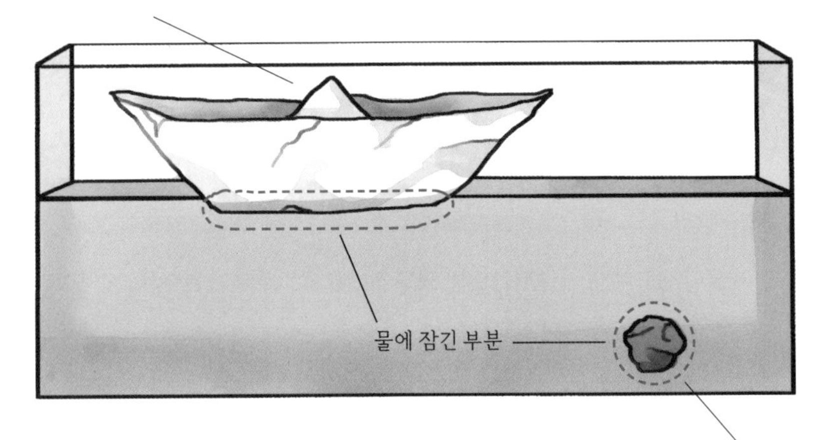

그럼, 우리 몸이 물속에서 잘 떠오르게 하려면 어떻게 해야 할까요? 앞서 해본 실험처럼 우리 몸도 물속에 잠긴 부피를 크게 하면 부력을 많이 받을 수 있습니다. 즉, 배영처럼 물 위에 가만히 누우면 물에 잠기는 우리 몸의 부피가 커져서 몸이 더 잘 뜨게 됩니다.

부력은 어디에 이용할까요?

부력은 우리 생활에서 다양하게 이용되고 있습니다. 우리나라에서는 보기 힘들지만, 해외에서는 헬륨가스를 가득 채운 비행선을 띄우고는 해요. 새해 소원 성취를 바라며 띄우는 풍등도 부력을 이용하여 하늘로 띄우지요. 그리고 배 역시 부력을 이용하여 바다 위를 돌아다닌답니다.

헬륨가스를 채운 비행선은 부력을 이용하여 하늘에 띄운다

풍등은 부력을 이용해 하늘로 띄운다

배는 부력을 이용해 물 위에 띄운다

이것만은 알아 두세요

1. 부력: 액체나 기체가 그 속에 있는 물체를 위로 띄우려 하는 힘. 중력과 반대 방향으로 작용한다.
2. 물속에서의 부력은 물에 잠긴 물체의 부피가 클수록 커진다.
3. 공기나 물속에서 물체가 받는 부력이 물체의 무게보다 크면 물체는 떠오르게 된다.

풀어 볼까? 문제!

1. 부력의 뜻과 특징을 설명해 보자.

2. 아르키메데스는 왕관과 같은 질량의 순금을 양팔저울에 매단 후 물속에서 측정하여 왕관이 순금이 아니라는 사실을 밝혀냈다. 그가 이 사실을 어떻게 알아냈는지 부력의 특징을 이용하여 설명해 보자.

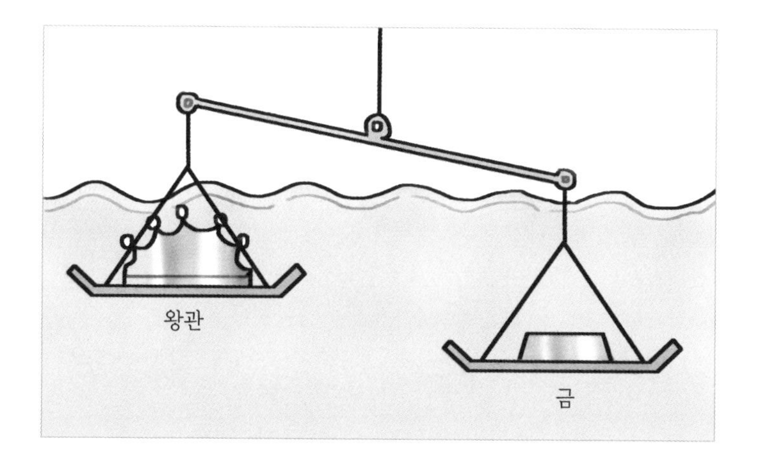

정답

1. 부력은 기체나 액체가 그 속에 있는 물체를 위로 띄우는 힘을 말한다. 부력은 중력의 방향과 반대 방향으로 작용하며, 물속에서의 부력은 물에 잠긴 부피가 클수록 커진다.

2. 물속에서 부력은 물체가 잠긴 부피가 클수록 커진다. 그림에서 왕관이 떠오른 것은 같은 질량의 금보다 부력을 더 많이 받았다는 것을 의미한다. 이것은 왕관이 금과 질량은 같더라도 부피가 다르다는 이야기이며, 왕관에 금이 아닌 다른 물질이 섞여 있다는 뜻이 된다.

〔점프 활동〕 배운 내용으로 고민하기 / 직접 해보기

부력의 원리를 이용한 미니 잠수함 만들기

[준비물]

1.5L 페트병, 구부러지는 빨대, 가는 철사, 고무찰흙, 컵

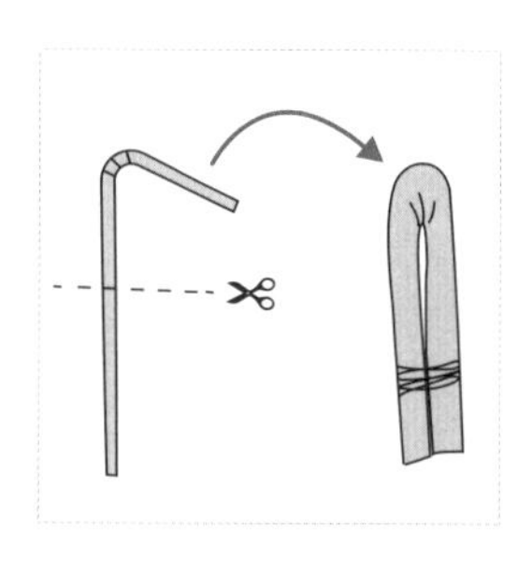

구부러지는 빨대를 그림처럼 자르고 아래쪽을 철사로 감는다.

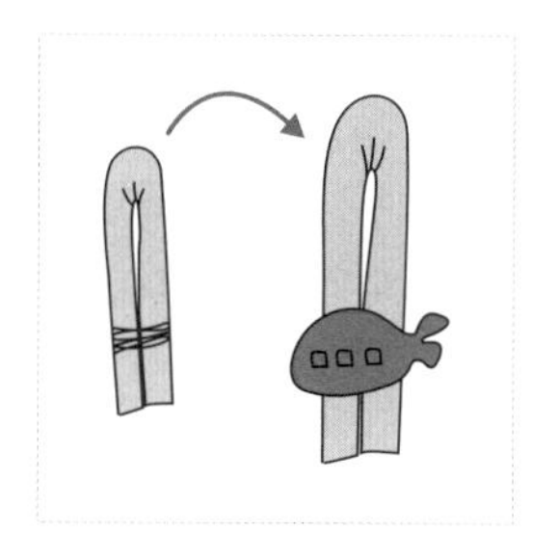

철사로 감은 부분은 고무찰흙을 이용하여 꾸며준다. 이것이 미니 잠수함이 된다.

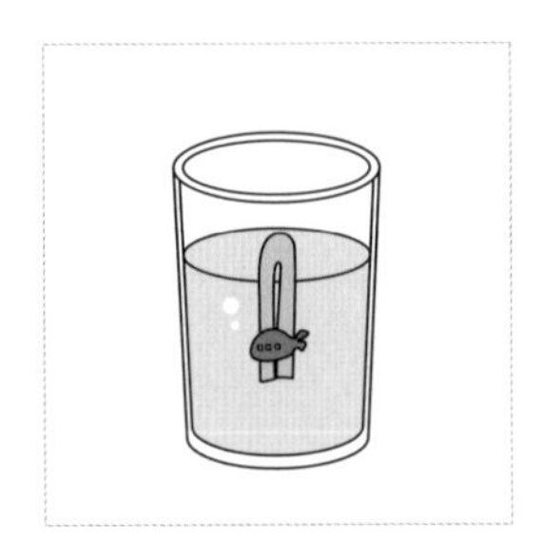

컵에 물을 넣고, 만든 미니 잠수함을 띄워 본다. 그림처럼 빨대 윗부분이 살짝 올라오게 고무찰흙의 양을 조절한다.

페트병 윗부분이 조금 남을 정도까지 물을 채운다. 그리고 그 안에 미니 잠수함을 넣는다.

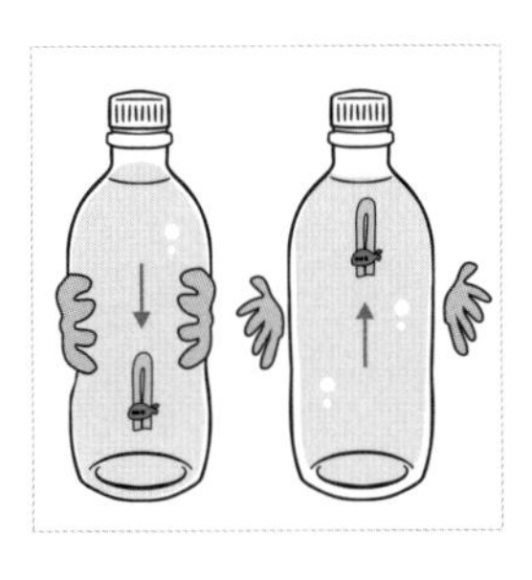

페트병 뚜껑을 닫고, 페트병을 꽉 누르거나 손을 놓고 미니 잠수함이 어떻게 움직이는지 확인해 본다.

한언

점심시간에 우리 반에서 가장 힘센 재준이랑 민혁이가 팔씨름을 했는데 막상막하더라! 절대 안 넘어가더라고.

오, 난 재준이가 더 셀 줄 알았는데! 둘이 힘의 평형을 이뤘었네?

한언

팔씨름에도 힘의 평형 얘길 하다니! 너 진짜 못 말린다. ㅎㅎ 움직이지 않으니까 힘의 평형 얘길 한 거지?

오, 공부 좀 했네? 맞아. 서로 밀어내려는 힘이 같아서 합력이 0이라 안 움직이는 거지.

근데 그거 알아? 합력이 0이어도 움직일 수 있대!

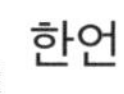
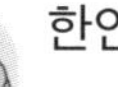

한언

합력이 0이면 안 움직인다고 배운 것 같은데… 어떻게 움직여?

마찰이 없는 미끄러운 바닥 위에서 움직이는 물체는 합력이 0이래.

한언

움직이는데 합력이 0이라고? 뭔가 이상한데? 힘이 없는데 움직일 수 있나? 미끄러운 바닥에서 움직이는 건 처음에 밀어서잖아!

책에 그렇게 나오더라고. 그러고 보니 그렇네… 힘을 주어 밀어서 움직인 게 맞는 것 같은데? 이상하다.

알짜힘과 운동 상태

마찰이 없는 미끄러운 바닥 면에서 움직이는 물체는 합력이 0인가요?

네, 맞습니다. 마찰이 없는 미끄러운 바닥에서 정지한 물체를 밀 때는 힘을 줘야 해요. 하지만 밀고 나서는 물체를 미는 힘이 계속 작용하지 않기 때문에 마찰력이 없다면 합력은 0이 됩니다. 이때 물체는 일정한 속력으로, 직선으로 계속 움직이게 됩니다. 하지만 일상생활에서는 물체가 미끄러지다가 정지하죠? 이것은 물체에 마찰력이 작용하기 때문입니다. 만일 진짜 마찰력이 0이라면 물체는 계속 직선으로 일정한 속력으로 움직이게 됩니다. 이번 단원에서는 물체에 힘이 작용할 때와 작용하지 않을 때의 운동에 대해 알아보겠습니다.

움직이는 것에는 이유가 있다!

알짜힘. 모든 것을 더해! 더해!

한언: 주말에 부모님하고 함께 활쏘기 체험을 했는데, 과녁 맞추기 진짜 어렵더라. 바람이 불어서 자꾸 조준한 방향보다 옆 방향으로 화살이 날아가더라고.

도윤: 그래? 그럼 바람이 부는 방향 반대편으로 조준해서 쏘면 되지 않아?

한언: 당연히 반대편으로 조준했지. 그랬더니 다음에는 과녁 정중앙을 조준해서 쏴도 자꾸 밑으로 날아가서 힘들더라고.

도윤: 음~ 중력 때문에 화살이 날아가면서 밑으로 떨어졌나 보다. 그럼 살짝 정중앙 위쪽으로 조준하면 되는 거 아냐?

한언: 그렇게도 해봤지! 그런데 화살을 줄에 걸어서 힘껏 당겨야 하는데 나중에는 힘이 빠져서 많이 당기지 못하니까 화살이 과녁까지도 못 가더라고.

도윤: 그렇구나. 화살에 여러 가지 힘이 작용하니까 생각할 게 많네.

한언: 무슨 힘? 어려운 얘기 하지 말고, 좀 잘 쏘는 방법 없을까?

내가 원하는 방향으로 화살을 쏘려면 생각해야 하는 것이 많지요? 화살은 날아가는 동안 중력을 받아 점점 바닥으로 떨어지고, 바람이 불면 바람이 부는 방향으로 꺾이기도 합니다. 또 활시위를 힘껏 당겨서 화살을 쏴도 공기와의 마찰로 인해 아주 조금씩이지만 속력이 점점 줄어듭니다. 따라서 화살을 원하는 방향으로 쏘기 위해서는 화살에 작용하는 중력, 바람에 의한 힘, 탄성력에 의한 힘, 공기와의 마찰로 인한 힘 등 모든 힘의 합력을 생각해야 합니다. 이처럼 어떤 물체에 작용하는 모든 힘의 합력을 '알짜힘'이라고 합니다. 지구상의 많은 물체에는 한 가지 이상의 힘이 작용하므로 알짜힘을 구해야 물체가 어떻게 움직이는지를 정확하게 알 수 있습니다.

그런데 알짜힘과 합력의 차이는 무엇일까요? 사실 비슷한 말이기는 합니다. 어떤 물체에 다섯 가지의 힘이 작용할 때, 이 다섯 가지의 힘을 모두 합친 힘을 알짜힘이라고 해요. 하지만 합력은 물체에 작용하는 여러 종류의 힘 중에서 단 두 개만 합쳐도 두 힘의 합력이라고 할 수 있습니다. 이해가 되셨나요?

알짜힘이 0일 때 물체는 어떻게 될까요?

앞서 말한 대로 물체가 정확히 어떻게 움직이는지를 알기 위해서는 그 물체에 작용하는 알짜힘을 알아야 합니다. 우선은 알짜힘이 0인 경우와 0이 아닌 경우로 나눠볼 수 있습니다.

알짜힘이 0인 경우는 어떤 상황일까요? 물체에 작용하는 힘이 평형을 이루면 알짜힘이 0이 됩니다. 물체에 아무런 힘이 작용하지 않아도 알짜힘이 0이에요. 이때 물체는 어떻게 될까요? 우리는 보통 '물체가 움직이지 않는다'라고 얘기하는데, 정확하게는 '물체의 운동 상태가 변하지 않는다'라고 얘기해야 합니다. 물체가 정지한 상태라면 물체는 계속 정지해 있으며, 움직이는 상태라면 일정한 속력으로, 계속 같은 방향으로 움직입니다.

실제로 어떤 예가 있는지 알아볼까요? 먼저 물에 뜨는 물체를 볼게요. 물에 뜨는 물체는 위로 부력이 작용하고, 아래로는 중력이 작용합니다. 이 두 힘이 평행을 이루어 물체는 물 위에 정지한 상태로 있게 됩니다. 또 탁자 위에 놓인 화분도 화분에 작용하는 중력과 같은 크기의 힘으로 탁자가 화분을 떠받치고 있어서 화분은 탁자 위에 정지한 상태로 있는 것입니다. 문이 닫히는 것을 막아주는 문 멈춤 장치는 문을 미는 힘과 반대 방향으로 마찰력이 작용하여 문이 정지한 상태로 있게 합니다.

물 위에 떠있는 물체에 작용하는 알짜힘

탁자 위에 놓인 화분에 작용하는 알짜힘

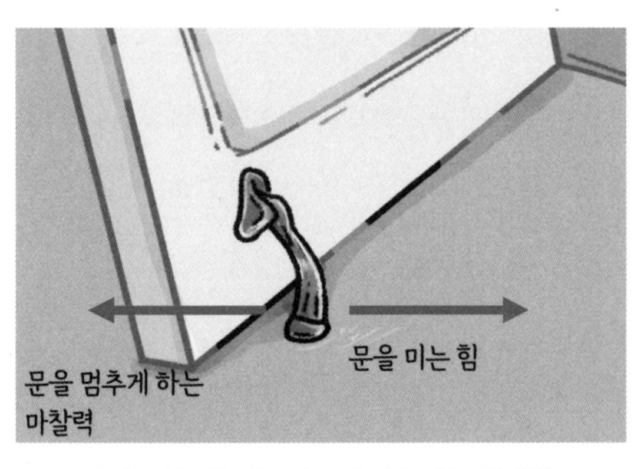

문을 멈추게 하는 장치에 작용하는 알짜힘

이번에는 좀 더 재미있는 예입니다. 아래 사진은 에어 하키라는 게임입니다. 이 게임은 테이블 위에 하키퍽이라는 얇은 플라스틱 원반을 올려놓고 손잡이로 하키퍽을 쳐서 상대방 테이블 골대에 넣으면 점수를 따요.

에어 하키 게임

(출처: Flickr ©anjanettew)

이 테이블에는 작은 구멍이 엄청 많이 뚫려 있습니다. 이 구멍 밑에서는 바람이 나와서, 테이블 위에 올려놓은 하키퍽은 허공에 살짝 떠 있는 상태가 됩니다. 이때 손잡이로 하키퍽을 치면 하키퍽은 마찰이 없는 것처럼 일정한 속력으로, 힘이 가해진 방향으로 똑바로 움직여요.

이렇게 움직이는 물체는 운동 방향과 속력이 변하지 않으므로 알짜힘이 0인 상태입니다. 움직이는 물체인데 알짜힘이 0이라니, 뭔가 이상하죠? 하지만 앞서 얘기했듯이 알짜힘이 0이면 움직이지 않는 것이 아니라 '물체의 운동 상태가 변하지 않는' 거예요. 하키퍽이 정지 상태일 때 손잡이로 치면, 치는 순간에는 힘이 작용하지만, 손잡이와 하키퍽이 떨어지면 하키퍽에는 치는 힘이 작용하지 않습니다. 또한 테이블 바닥 면과의 마찰력도 발생하지 않는 상태이므로 하키퍽이 움직일 때의 공기 저항을 무시한다면 알짜힘을 0으로 볼 수 있지요.

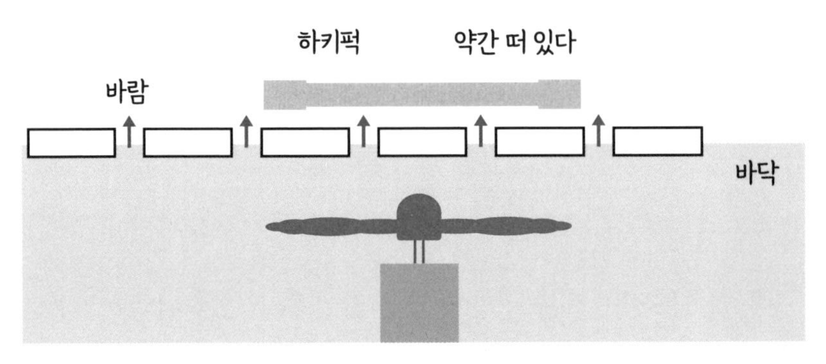

에어 하키 테이블의 내부 구조

알짜힘이 0이 아닐 때 물체는 어떻게 될까요?

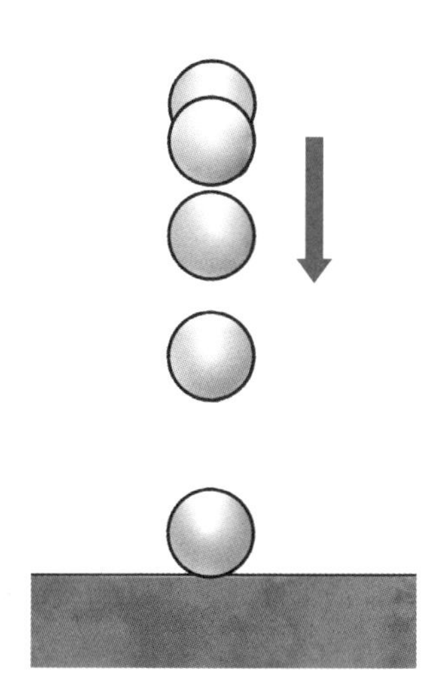

이번에는 물체의 알짜힘이 0이 아닌 경우에는 어떻게 되는지 보겠습니다. 알짜힘이 0이 아니라면 물체의 운동 상태가 변합니다. 즉, 물체의 속력이 변하거나, 물체의 운동 방향이 변하거나, 물체의 속력과 운동 방향이 모두 변해요.

실제 예시를 볼까요? 우선, 속력만 변하는 예로는 정지한 물체가 바닥으로 떨어지는 경우가 있어요. 이를 자유낙하 운동이라고 하는데요. 물체는 중력을 받아 점점 속력이 빨라지는 운동을 하게 됩니다.

두 번째로는 속력은 변하지 않고 운동 방향만 바뀌는 예입니다. 놀이공원의 대관람차는 원 모양으로 일정한 속력으로 움직이는데, 이를 등속원운동이라고 합니다. 속력은 일정한 채로, 움직이는 방향만 원으로 계속 바뀌는 거예요. 물체를 실에 매달고 일정한 속력으로 돌리는 것도 등속원운동입니다. 이때 힘은 물체가 원운동을 하는 중심으로 작용해요.

놀이공원의 대관람차는 원 모양으로 움직이는데,
속력은 일정하고 방향만 바뀌며 움직인다

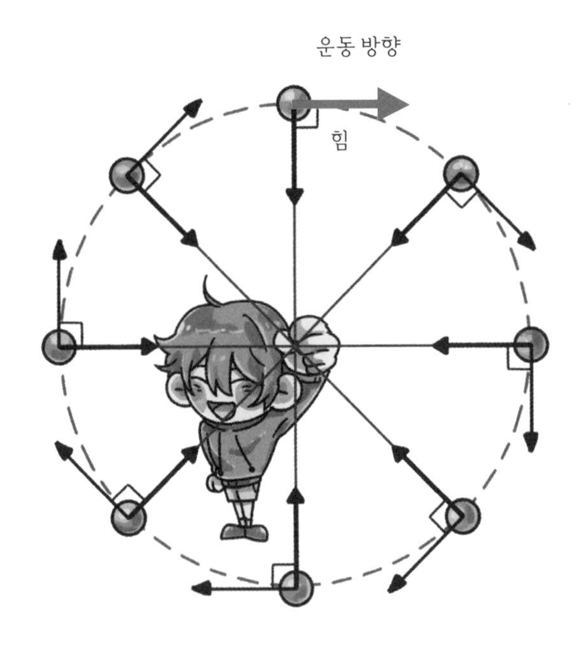

속력은 일정하고 방향만 바뀌는 등속원운동

세 번째로는 속력과 운동 방향이 모두 변하는 예입니다. 우리가 농구 골대에 농구공을 넣기 위해 비스듬히 위로 던지면 농구공은 위로 올라가면서 속력이 점점 느려집니다. 그리고 운동 방향 역시 비스듬한 위쪽 방향으로 계속 변하다가 내려올 때는 속력이 점점 빨라지면서 비스듬하게 아래 방향으로 떨어집니다. 우리는 이것을 포물선 운동이라고 합니다. 비스듬한 방향으로 대포를 쏘는 것도 속력과 운동 방향이 바뀌는 포물선 운동에 해당합니다. 이때 움직이는 물체는 중력에 의해 위로 올라갈 때는 속력이 느려지고 밑으로 내려갈 때는 속력이 빨라지게 됩니다.

농구공은 속력과 방향이 바뀌면서 포물선 모양으로 움직인다

이처럼 알짜힘에 따라서 물체는 다양하게 움직여요. 이제 우리 주변에서 움직이는 물체를 보면 알짜힘이 0인지 아닌지, 속력이 변하는 운동인지, 운동 방향이 변하는 운동인지, 또는 둘 다 변하는 운동인지 구분할 수 있겠죠?

이것만은 알아 두세요

1. 어떤 물체에 작용하는 모든 힘의 합력을 알짜힘이라고 한다.
2. 알짜힘이 0인 경우 물체의 운동 상태가 변하지 않는다.
3. 알짜힘이 0이 아닌 경우 물체의 운동 상태가 변한다. 즉, 물체의 속력이 변하거나, 물체의 운동 방향이 변하거나, 물체의 속력과 운동 방향이 모두 변하게 된다.

풀어 볼까? 문제!

1. 알짜힘이 0인 경우 물체가 어떻게 되는지 설명해 보자.

2. 공을 들어올려 정지 상태에서 가만히 놓았을 때 물체의 움직임은 어떻게 되는지 알짜힘과 관련지어 설명해 보자.

정답

1. 알짜힘이 0인 경우 물체의 운동 상태가 변하지 않는다. 즉, 정지한 물체는 계속 정지하고, 움직이는 물체는 계속 움직임을 유지한다.

2. 공을 정지 상태에서 가만히 놓으면 중력이 작용하여 알짜힘이 0이 아닌 상태가 된다. 이 경우 물체의 운동 상태가 변하게 되며, 속력이 점점 빨라지는 운동을 하게 된다.

〔점프 활동〕 배운 내용으로 고민하기 / 직접 해보기

놀이공원의 자이로드롭이 올라갈 때와 내려갈 때 작용하는 모든 힘을 생각해 보자. 그리고 알짜힘과 연관지어 설명해 보자.

정답

자이로드롭이 올라갈 때는 위로 올리는 힘, 마찰력, 중력이 작용하며, 위로 올라가는 알짜힘이 있다. 내려갈 때는 마찰력, 중력이 작용하며, 아래로 내려가는 알짜힘이 있다.

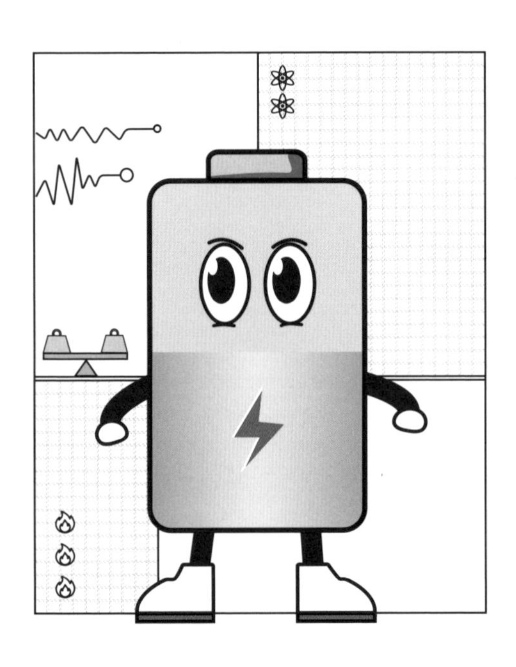

Part 2. 열

열의 이동

비열과 열팽창

한언

한언

요즘 너무 덥지 않아?

나는 에어컨을 틀었더니 추
운데… 에어컨을 틀어!

한언

에어컨 틀었는데도 더워.
몇 도로 틀고 있어?

여름 적정 온도가
26~28도라서 26도
로 했지. 넌?

한언

나도 26도. 그런데 우리
집은 왜 더운거야?

창문은 닫았어?

한언

당연하지!

너 혹시 이중창인데
하나만 닫은 거 아냐?

한언

하나만 닫으면 안
되는 거야?

우리집은 이중창도 닫고
내부 창에 에어캡(뽁뽁이)
도 붙였어.

한언

그럼 더 시원해?

당연하지! 밖에 있는 열
이 안으로 못 들어오게
하거든.

열의 이동

이중창은 어떻게 열을 차단할까요?

이중창은 창문을 두 겹으로 설치하여 열을 차단하는 성능을 높인 창입니다. 이중창의 안쪽 창문과 바깥쪽 창문 사이에 있는 공기층이 열이 이동하는 것을 방해합니다. 그래서 밖이 더울 때는 바깥의 열이 안쪽으로 잘 전달되지 않고, 밖이 추울 때는 집안의 열이 바깥으로 나가는 것을 막아주죠. 이번 단원에서는 열이 전달되는 과정을 자세히 알아보겠습니다.

겨울보다 여름에 더 많은 냄새를 맡을 수 있다

겨울보다 여름에 더 많은 냄새를 맡을 수 있다고?

한언: 어제 오랜만에 부모님이랑 산에 갔는데 꽃향기가 많이 나는 것 같았어. 꽃이 많이 피는 여름이라 그런가?

도윤: 부모님과 좋은 곳 다녀왔구나! 난 지난주 금요일에 우리 반 애들 땀 냄새 때문에 너무 힘들었는데…. 여름이라 그런가?

한언: 앗, 그랬구나. 그러고 보니 여름에 각종 냄새가 많이 나는 것 같아.

도윤: 그런가? 하긴 겨울보다 꽃도 많이 피고, 땀도 많이 나니까….

한언: 그렇기도 한데, 과학 선생님이 여름에 더 많은 냄새를 맡을 수 있다고 했어. 왜 그렇지?

도윤: 여름에는 냄새가 코로 더 잘 전달되는 건가?

여름에는 꽃이 많이 펴서 꽃향기도 많이 나고, 더운 날씨 때문에 땀도 많이 흘려서 인상을 찌푸리게 하는 땀 냄새도 많이 납니다. 반면에 겨울에는 꽃향기도 땀 냄새도 잘 나지 않아요. 이것은 겨울에 꽃이 적게 피고 땀도 잘 나지 않는 영향도 있지만, 냄새가 코로 잘 전달되지 않는 이유도 있답니다.

그렇다면 겨울에는 왜 냄새가 코로 잘 전달되지 않을까요? 이는 여름과 겨울의 온도와 관련이 있습니다. 이제부터 온도, 열, 냄새의 전달 등을 차근차근 알아볼까요?

온도를 줄까? 열을 줄까?

'온도를 준다'고 표현하는 사람이 간혹 있습니다. 정확히는 열을 주는 것이고, 열을 받아 온도가 올라가는 것입니다. '열이 올랐다'는 표현도 사용하죠. 열이 날 정도로 몸의 온도가 올랐다는 의미일 것입니다. 그렇다면 '열'과 '온도'는 어떻게 다른 걸까요?

'열'은 온도 차이로 인해 발생하는 에너지의 이동입니다. 즉, 열은 에너지의 전달 방식 중 하나입니다. '온도'는 물질의 차갑고 뜨거운 정도를 나타냅니다. 같은 물질인 경우 온도가 높은 물체는 온도가 낮은 물체보다 열에너지를 많이 가지고 있다고 말할 수 있습니다.

'에너지'는 일을 할 수 있는 능력으로, 일을 하면 가지고 있던 에너지가 줄어들고, 에너지를 받으면 받은 만큼 더 많은 일을 할 수 있습니다.

가스레인지로 물을 끓이면 물은 온도를 얻어 뜨거워진다 (X)
-> 가스레인지로 물을 끓이면 물은 열을 얻어 뜨거워진다 (O)
-> 가스레인지로 물을 끓이면 물은 열을 얻어 온도가 올라간다 (O)

같은 물인데 온도가 달라?

(과학 선생님이 물이 담긴 수조 3개를 준비해 왔다.)

선생님: 오늘 실험에는 도우미 두 명이 필요해요. 도와줄 사람?

도윤: 저요!

한언: 저요!

선생님: 그래, 도윤이랑 한언이가 나와볼래? 도윤이는 왼쪽 수조에 왼손을 넣고, 한언이는 오른쪽 수조에 오른손을 넣어봐요.

도윤: 으~ 선생님, 이거 뭔가 이상한 거 있는 건 아니죠?

선생님: 하하, 그냥 물이에요. 괜찮으니 넣어보세요.

(시간이 지난 후)

선생님: 이제 손을 꺼내서 가운데 있는 수조에 넣어보세요.

도윤: 와, 따뜻하다.

한언: 어, 난 차가운데?

친구들: 같은 물인데 왜 두 사람이 다르게 말하지?

친구들: 다른 사람이라 다르게 느끼는 거 아니에요?

동우: 선생님, 저 혼자 해볼 수 있어요?

선생님: 그럼 동우는 왼손을 왼쪽 수조에, 오른손을 오른쪽 수조에 넣어보세요.

(잠시 후)

선생님: 이제 양손을 꺼내서 가운데 수조에 넣어보세요.

동우: 얘들아, 신기해! 왼손은 따뜻한데 오른손은 차가워! 선생님, 같은 물인데 왜 온도가 다르게 느껴지는 거예요?

같은 물이니 당연히 온도는 같습니다. 우리 손의 감각이 다르게 느낀 것입니다. 이처럼 우리의 감각만으로는 정확한 온도를 알 수 없어서 온도계라는 도구를 사용하여 온도를 측정합니다. 온도는 물체나 물질의 차갑고 뜨거운 정도를 숫자로 나타낸 값이에요.

보통 사람의 체온은 36.5도이고, 37.5도가 넘어가면 '열이 난다'고 합니다. 코로나19 팬데믹이 발생했을 때 높은 체온의 기준을 우리나라에서는 37.5도 이상으로 보고 검사를 권하였습니다. 그런데 미국의 기준 온도는 우리나라와 많이 달랐습니다. 미국은 주마다 차이가 있는데, 99.5도, 100도, 100.4도 이상인 경우 검사를 권하거나 출입을 금지했습니다. 두 나라의 기준 온도는 왜 이렇게 크게 차이가 나는 걸까요?

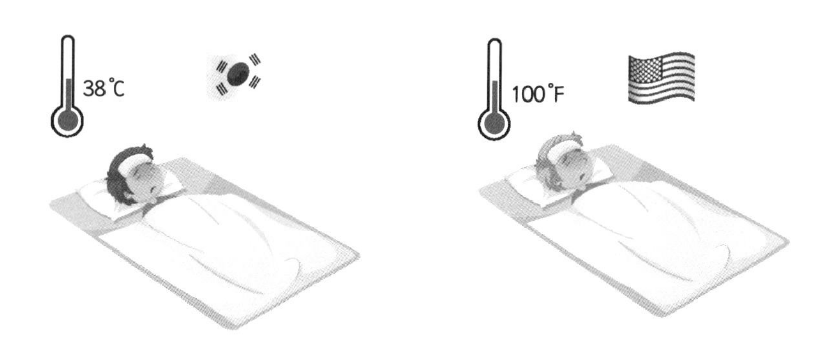

사용하는 온도의 종류가 다르다고?

우리나라에서는 '섭씨온도(℃)'를 사용하고, 미국에서는 '화씨온도(°F)'를 사용합니다. 섭씨온도와 화씨온도는 모두 1기압에서 물이 어는 온도와 물이 끓는 온도를 기준으로 정한 온도입니다. 그런데 그 기준값과 간격이 달라요.

섭씨온도는 1기압에서 물이 어는 온도를 0도, 물이 끓는 온도를 100도로 하고 그 간격을 100등분한 온도 체계입니다. 스웨덴의 천문학자 안데르스 셀시우스가 처음 제안했어요. 중국에서는 셀시우스를 '섭이수사'라고 불렀는데, 우리나라에서는 김씨, 박씨, 이씨처럼 성씨를 불러 '섭씨'가 되었다고 합니다.

화씨온도는 1기압에서 물이 어는 온도를 32도, 물이 끓는 온도를 212도로 하고 그 간격을 180등분한 온도 체계입니다. 독일의 다니엘 가브리엘 파렌하이트가 제안한 것으로, 중국에서 파렌하이트를 '화륜해특'이라고 부른 것을 바탕으로 섭씨와 마찬가지로 성씨로 불려 '화씨'가 되었다고 합니다.

과학에서는 물질을 이루고 있는 입자가 가지고 있는 운동에너지의 양으로 온도를 나타냅니다. 이를 '절대온도(K: 켈빈)'라고 합니다. 물질을 이루고 있는 입자들은 고체 상태일 때도 끊임없이 운동을 하고 있습니다. 운동하고 있는 질량을 가진 입자는 운동에너지를 가지고 있지요. 운동을 하지 않고 정지하고 있는 입자가 있다고 가정하였을 때, 이 입자의 온도를 절대온도 0K(0켈빈)이라 합니다. 우리가 사용하는 섭씨온도로 바꾸면 −273.15℃(도씨)입니다.

	물이 어는 온도				물이 끓는 온도	
섭씨온도	0℃	⇦	100등분	⇨	100℃	〈1기압〉
화씨온도	32°F	⇦	180등분	⇨	212°F	〈1기압〉
절대온도	273.15K	⇦	100등분	⇨	373.15K	

참고 기압이란?

1기압: 지구를 둘러싸고 있는 공기의 무게 때문에 생기는 대기의 압력. 울퉁불퉁한 지구 표면에서 가장 낮은 곳인 바닷물 표면 근처에서 쟀다. 이는 76cm 수은 기둥의 무게가 누르는 압력이며, 10m 정도의 물기둥의 무게가 누르는 압력과 비슷하다.

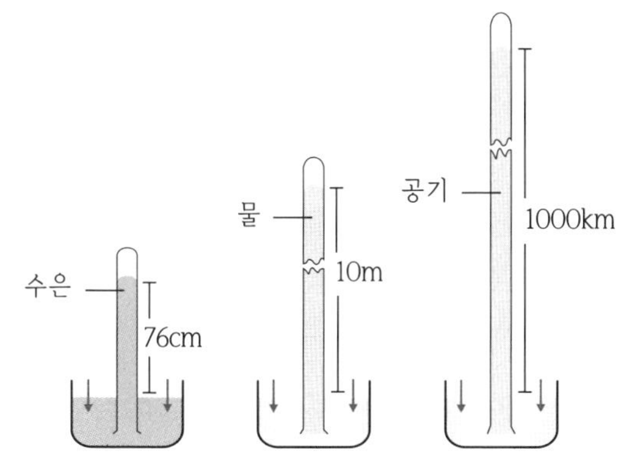

대기: 지구 중력에 의해 지구 주위에 묶여 지구를 둘러싸고 있는 기체(공기)

압력: 단위 면적(넓이가 1인 면적)당 수직으로 작용하는 힘

운동에너지: 질량을 가진 물체가 어떤 속력으로 운동할 때 가지는 에너지

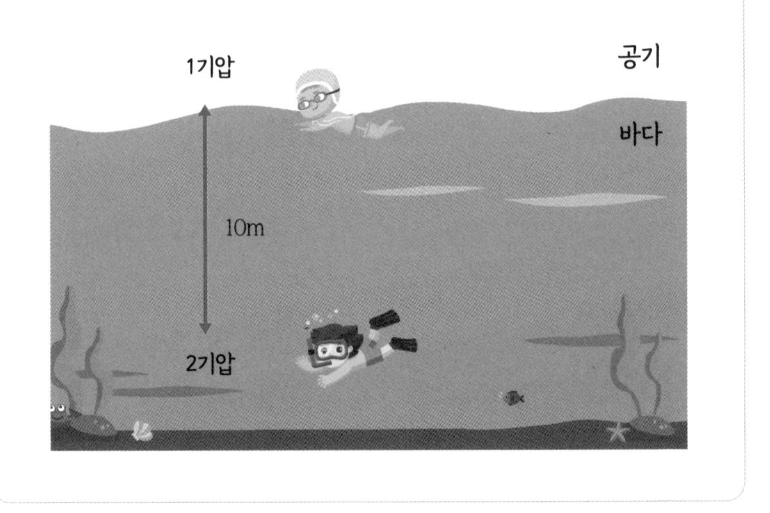

열과 온도의 관계는?

우리에게 익숙한 섭씨온도를 사용하여 이야기할게요. 같은 물인데 우리가 온도를 다르게 느낀 것은 열의 이동과 관계있습니다. 온도가 높다는 것은, 온도가 낮은 것과 비교했을 때 열에너지를

많이 가지고 있음을 의미해요. 열은 온도가 높은 물체에서 온도가 낮은 물체로 이동합니다. 온도가 높은 물체는 열에너지를 잃어 온도가 떨어지고, 온도가 낮은 물체는 열에너지를 얻어 온도가 올라가요.

우리는 체온이 높을 때 열이 난다고 말해요. 이것은 주변과 온도 차이가 많이 날수록 더 많은 열이 이동하기 때문입니다. 우리 몸은 열에너지를 잃어도 온도가 내려가지 않는데요. 우리 몸을 이루는 세포가 영양소를 이용하여 계속 열에너지를 공급해 주기 때문입니다.

우리의 감각이 느끼는 온도도 열의 이동과 관계있습니다. 열을 잃으면 차갑다 느끼고, 열을 얻으면 따뜻하다고 느끼지요. 찬물에 넣었던 손의 피부는 일시적으로 온도가 내려간 상태입니다. 이 손을 미지근한 물에 넣으면 온도 차이로 인해 열이 미지근한 물에서 우리 손으로 이동해 올 거예요. 그럼 우리는 따뜻하다고 느끼죠. 반대로 따뜻한 물에 넣었던 손은 일시적으로 열을 얻어 온도가 살짝 높을 것입니다. 이 손을 미지근한 물에 넣으면 열은 우리 손에서 물로 이동해 갈 거예요. 그럼 우리 손은 열을 잃어 차갑다고 느껴요.

온도에 따라 다르게 움직이는 입자

물질을 이루고 있는 입자는 너무 작아서 눈에 보이지 않아요. 그래서 모형을 사용하여 설명하고는 합니다. 입자는 보통 원의 형태로 표현해요. 빨라지는 움직임은 와이파이 모양에서 선의 개수를 늘려 표현하기도 하고, 화살표의 길이를 길게 하여 나타내기도 합니다. 또는 꼬리의 길이를 길게 하여 표현하기도 하지요. 모두 같은 시간 동안 그 거리만큼 이동하였음을 상대적으로 나타내는 것입니다.

물질을 이루고 있는 입자들은 빠르기의 차이가 있지만 모두 쉬지 않고 끊임없이 움직이고 있습니다. 운동을 하고, 질량을 가진 이 입자는 운동에너지를 가지고 있습니다. 온도가 높을수록 입자들은 더 활발하게 움직이는데요. 그러면 입자들은 더 많은 운동에너지를 갖게 돼요. 이처럼 입자들이 가지고 있는 운동에너지의 양으로 온도를 나타낸 것이 절대온도입니다. 절대온도 0K(0켈빈)

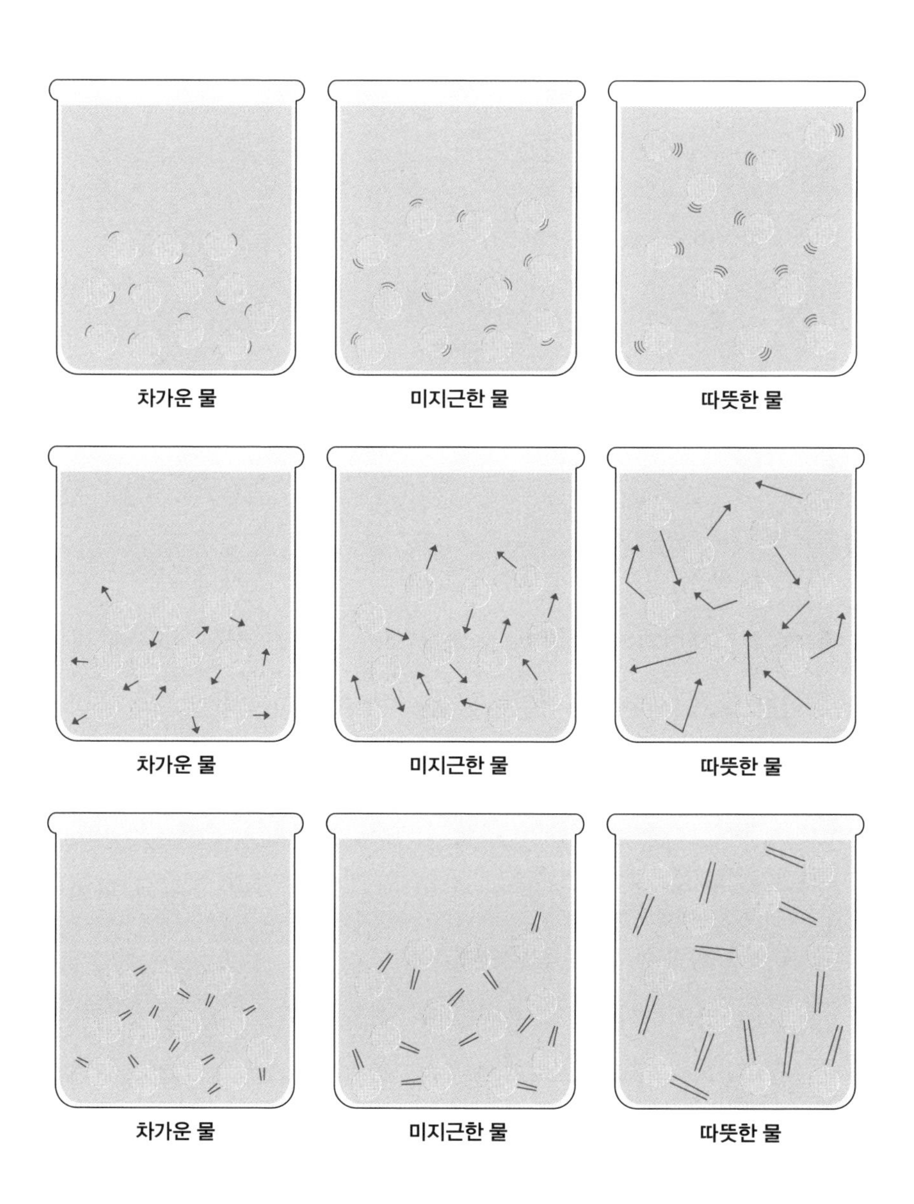

은 입자의 운동이 정지된 상태로, 입자가 갖는 운동에너지가 0J(0줄)인 상태입니다.

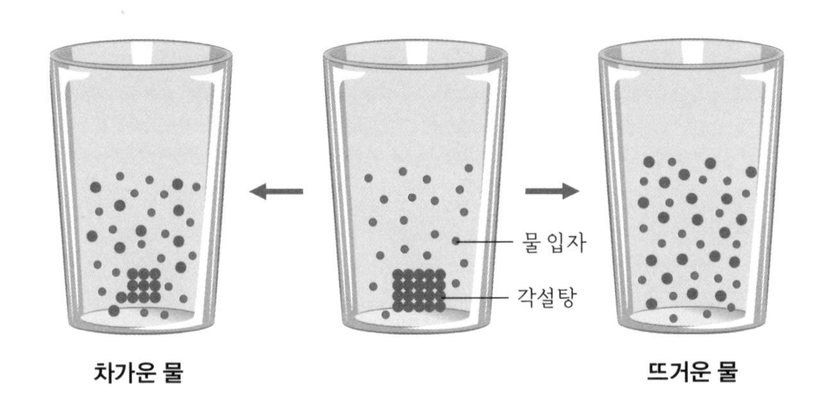

설탕물은 설탕이 물에 녹아 설탕 입자와 물 입자가 골고루 섞여 있는 상태입니다. 차가운 물에 설탕을 넣으면 설탕은 물에 바로 녹지 않고 아래에 가라앉아요. 숟가락으로 저어서 입자의 움직임을 빠르게 하면 설탕과 물이 더 빨리 섞이겠지만, 그냥 둔다면 섞이기까지 꽤 오랜 시간이 걸릴 거예요. 하지만 뜨거운 물에 설탕을 넣으면 꼭 숟가락으로 젓지 않아도 물 입자의 운동이 활발해서 설탕 입자와 잘 섞일 거예요.

눈으로 확인하기 좀 더 좋은 방법은 찬물과 뜨거운 물에 잉크를 한 방울 떨어뜨려 보는 것입니다. 뜨거운 물에서는 물 입자가 빠르게 잉크 입자 사이로 섞여 물 색깔이 빨리 변하지만, 찬물에서는 물 입자의 속도가 느려서 잉크 입자 사이로 천천히 섞여 들어가 물 색깔도 천천히 변합니다.

겨울철보다 여름철에 음식물 쓰레기의 악취를 멀리서도 맡을 수 있는 것도 냄새 입자의 온도가 높아 운동이 활발하여 멀리까지 빠르게 이동해 오기 때문입니다.

이것만은 알아 두세요

1. 온도는 물질의 차갑고 따뜻한 정도를 수치로 나타낸 물리량이다. 이 값은 물질을 구성하는 입자의 운동이 활발한 정도를 나타낸다.
2. 온도의 단위: ℃(섭씨도), K(켈빈), °F(화씨도)
3. 열은 온도가 높은 물체에서 온도가 낮은 물체로 이동하는 에너지의 한 형태로, 물질을 이루는 입자들의 운동에너지를 나타낸다. 온도가 높은 물체일수록 물체를 이루는 입자들의 운동에너지가 크다.

풀어 볼까? 문제!

1. 뜨거운 물을 구성하는 입자와 차가운 물을 구성하는 입자는 움직임이 어떻게 다를까?

2. 온도가 낮은 물질을 구성하는 입자일수록 입자 사이의 거리가 가까울까, 멀까?

정답

1. 뜨거운 물을 구성하는 입자는 차가운 물을 구성하는 입자보다 움직임이 활발하다.

2. 온도가 낮은 물질을 구성하는 입자일수록 입자 사이의 거리가 가깝다.

〔점프 활동〕 배운 내용으로 고민하기 / 직접 해보기

준비물: 일회용 스포이드 1개, 투명 컵 2개, 뜨거운 물, 찬물, 잉크

과정)

1. 같은 양의 뜨거운 물과 찬물을 투명 컵의 $\frac{2}{3}$가 되게 담는다.
2. 스포이드를 이용하여 각 컵에 잉크를 두 방울씩 떨어뜨린다.
3. 잉크의 이동을 관찰한다.

시간이 지나면 온도가 같아진다

온도는 어떻게 알 수 있을까요?

아픈 아이의 체온을 측정하는 그림을 볼까요? 아이는 온도계를 입에 물고 있어요. 이렇게 온도계를 내 몸에 접촉하면 체온을 잴 수 있습니다.

하지만 요즘에는 적외선 온도계를 사용하여 내 몸에 집적 접촉하지 않고도 체온을 측정해요. 과거에는 그림처럼 유리 막대로 된 수은 온도계를 사용해서 체온을 측정하였으나, 현재는 온도계가 파손되었을 때 새어나올 수 있는 중금속인 수은이 위험해서 사용하지 않습니다. 학교 실험실에서는 유리 막대 안에 수은 대신 알코올이 들어 있는 알코올 온도계를 사용합니다. 디지털 온도계를 사용하기도 하지만, 여전히 학교 실험실에서는 알코올 온도계가 더 익숙할 거예요.

알코올 온도계의 구조를 알아봅시다.

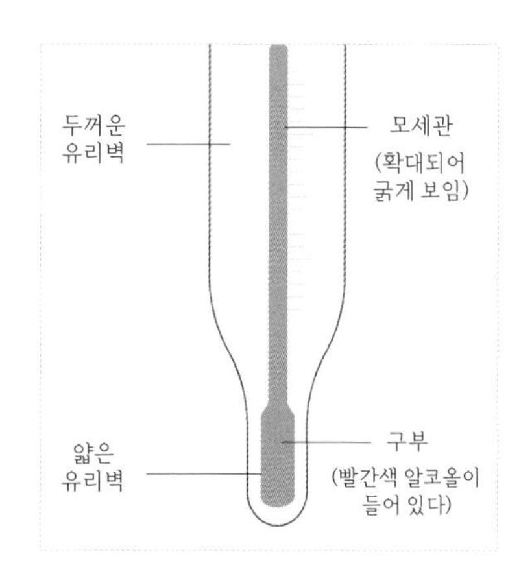

오늘날에는 다양한 온도계가 있지만 과거부터 지금까지 가장 보편적인 온도계는 유리 막대 안에 빨간색 선이 지나가는 알코올 온도계입니다. 투명한 알코올은 눈으로 주변과 구분이 잘 되지 않아서, 알코올을 빨간색으로 염색해서 사용한 것이죠. 온도가 올라가면 입자의 운동이 활발해져 입자 사이의 거리가 멀어지고 부피가 증가하는 현상을 이용한 도구입니다.

온도계로 사용하기에 적합한 물질에는 조건이 있습니다. 첫째, 온도 변화에 따른 부피 변화가 일정해야 합니다. 둘째, 액체로 존재할 수 있는 일정 범위의 온도가 존재해야 하며 셋째, 온도에 따라 부피가 적당히 변하는 물질이어야 합니다. 그리고 알코올은 이러한 조건을 잘 만족하는 물질이지요.

알코올 온도계 아래쪽, 알코올이 얇은 유리벽에 싸여 있는 구부를 온도를 측정하고자 하는 위치에 놓으면 온도가 높은 곳에서 낮은 곳으로 열이 이동합니다. 온도계보다 온도가 낮은 물질에 구부를 대면 온도계는 열을 잃고, 열을 잃은 알코올 입자들은 운동이 둔해집니다. 그러면 알코올 입자 사이의 거리가 가까워지고, 그만큼 빨간색 기둥의 높이가 낮아지지요. 온도계와 측정하고자 하는 물질의 온도 차이가 없어질 때까지 열은 이동하고, 온도가 같아지면 더 이상 열이 이동하지 않으면서 온도계의 빨간색 기둥도 변화를 멈춥니다. 이때의 눈금을 읽으면 물질의 온도를 측정할 수 있습니다.

참고 적외선 온도계

물체가 방출하는 열 중 적외선을 측정하는 온도계입니다. 적외선은 우리가 물체를 볼 수 있게 하는 빛인 가시광선 빨, 주, 노, 초, 파, 남, 보에서 빨간색 밖의 빛입니다. 안과나 이비인후과에서 빨간색 불빛이 나오는 기계로 치료를 받은 적

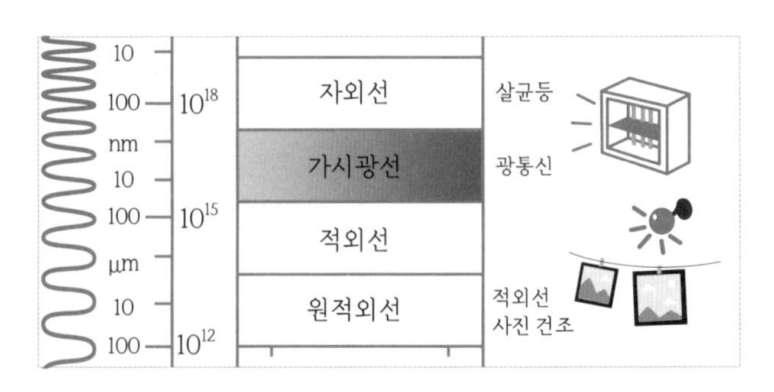

있나요? 바로 적외선 치료기예요. 적외선은 우리 눈에 보이지 않기 때문에 붉은빛을 보이게 하여 빛이 나오는 걸 알게 한 거지요. 적외선 온도계는 이 적외선을 감지하는 센서를 가지고 있는 온도계입니다.

온도가 다른 두 물체가 접촉하면?

열은 온도가 높은 물체에서 온도가 낮은 물체로 이동한다고 했어요. 열을 얻은 물체는 열에너지가 많아져 온도가 올라가고, 열을 잃은 물체는 열에너지가 줄어들어 온도가 내려갑니다. 그래서 외부와 열의 출입이 없는 곳에서 온도가 다른 두 물체가 접촉하면 온도가 높은 물체에서 온도가 낮은 물체로 열이 이동하고, 시

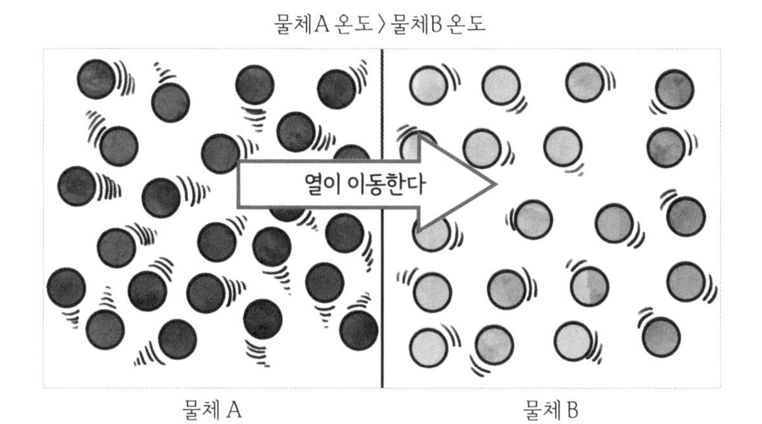

간이 지나면 결국 서로 온도가 같아져요. 이를 일러 '열평형'에 도달하였다고 합니다.

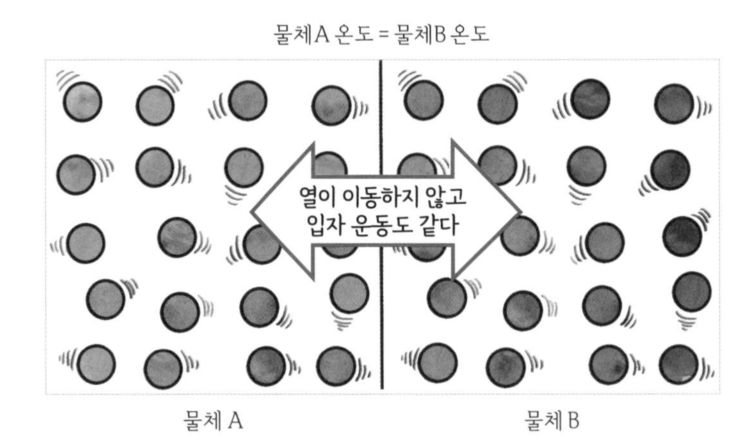

입자 운동으로 나타낸 열평형

온도가 높은 물체는 입자 운동이 활발하고, 온도가 낮은 물체는 입자 운동이 둔해요. 이 두 물체를 접촉시키면 온도가 높은 물체에서 온도가 낮은 물체로 열이 이동합니다. 열을 잃은 물체의 입자 운동은 둔해지고 입자 사이의 거리도 가까워집니다. 상대적으로 열을 얻은 물체의 입자 운동은 활발해지고 입자 사이의 거리도 멀어져요. 시간이 흐르면 두 물체를 이루고 있는 입자의 운동은 비슷해지고 더 이상 열의 이동이 없는 열평형 상태가 됩니다.

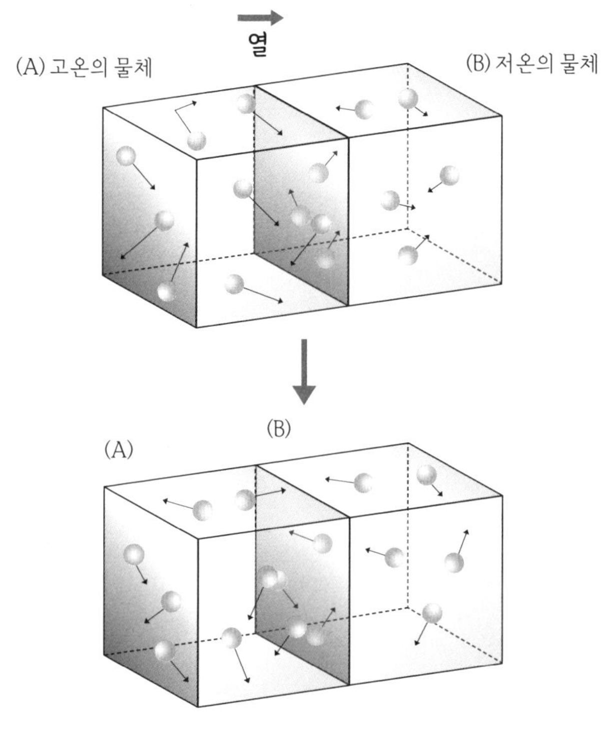

입자 운동과 열의 이동

다음은 온도가 다른 두 물체를 접촉시키고 시간이 흐르는 동안 각 물체의 온도를 측정하여 하나의 그래프에 나타낸 것입니다. 고온의 물체는 열을 잃어 온도가 T_2에서 열평형 온도로 내려갔고, 저온의 물체는 열을 얻어 온도가 T_1에서 열평형 온도로 올라갔습니다. 이때 고온의 물체가 잃은 열은 저온의 물체가 얻은 열입니다.

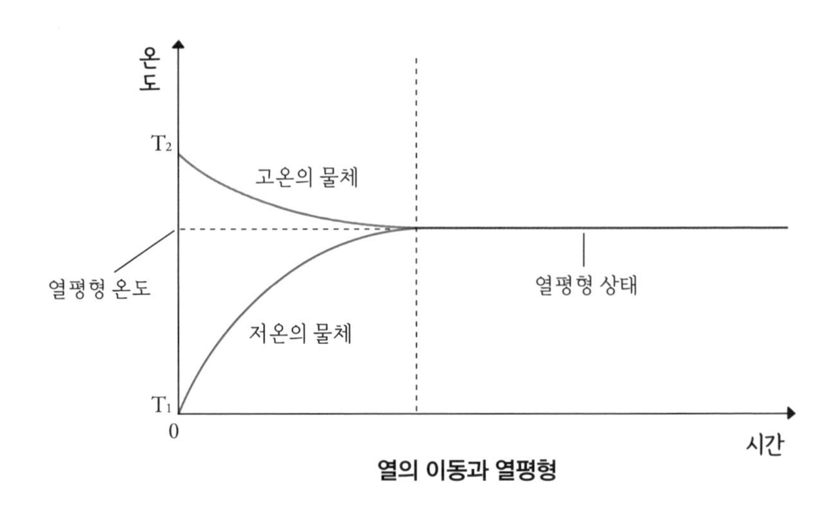

열의 이동과 열평형

알코올 온도계는 접촉식 온도계로, 이 열평형을 이용한 온도계입니다. 그래서 알코올 온도계로 온도를 측정할 때는 열평형에 도달할 때까지 잠시 기다린 뒤에 온도를 측정해야 합니다.

이것만은 알아 두세요

1. 열평형: 온도가 다른 두 물체가 접촉하였을 때 온도가 높은 물체에서 온도가 낮은 물체로 열이 이동하여 시간이 지난 후 두 물체의 온도가 같아진 상태
2. 온도가 높은 물체의 입자는 운동이 활발하고 입자 사이의 거리가 멀다.
3. 온도가 낮은 물체의 입자는 운동이 둔하고 입자 사이의 거리가 가깝다.

풀어 볼까? 문제!

1. 더운 여름날 냉장고에서 주스를 꺼내 놓았을 때 열의 이동과 주스의 온도 변화를 설명해 보자.

2. 숟가락을 뜨거운 국이 담긴 그릇에 넣으면 숟가락을 이루고 있는 입자의 운동과 입자 사이의 거리가 어떻게 달라지는지 설명해 보자.

정답

1. 더운 여름날 냉장고에서 주스를 꺼내 놓으면 뜨거운 공기에서 차가운 주스로 열이 이동하고 주스의 온도가 높아진다.

2. 숟가락을 뜨거운 국이 담긴 그릇에 넣으면 숟가락을 이루고 있는 입자의 운동이 활발해지고 입자 사이의 거리가 멀어진다.

〔점프 활동〕 배운 내용으로 고민하기 / 직접 해보기

준비물: 같은 종류의 유리컵 2개, 빨간색 물감, 파란색 물감, 뜨거운 물, 차가운 물, 잘 구겨지지 않을 정도의 두꺼운 종이

과정)
1. 컵에 뜨거운 물을 가득 채운 후 빨간색 물감을 푼다.
2. 컵에 차가운 물을 가득 채운 후 파란색 물감을 푼다.
3. 빨간색 물컵 위에 종이를 덮고 뒤집은 후 파란색 물컵 위에 입구가 일치하게 덮는다.
4. 컵 사이의 종이를 조심스럽게 당겨 제거한 후 색의 변화를 관찰한다.

결과: 물을 이루고 있는 입자가 운동하여 빨간색 물과 파란색 물이 만나는 경계에서부터 조금씩 색이 변화하는 것을 관찰할 수 있다. 시간이 지나면 물 전체가 같은 색으로 변하고 온도가 같아지는 것을 볼 수 있다.

보온병에 담은 뜨거운 물은 왜 식지 않을까?

책과 스테인리스 텀블러의 온도는 같을까요?

여러분이 온도가 일정한 곳에 오랫동안 있었다면 주변에 있는 물체들의 온도는 모두 열평형에 도달해서 같을 거예요. 그런데 한 번 여기저기 손을 대서 여러분의 감각으로 온도를 느껴보세요. 이상하지 않나요? 분명히 물체와 나의 온도가 같다고 했는데, 온도가 다르게 느껴지지 않나요?

평소 사람의 체온은 36.5도 전후입니다. 체온과 온도 차이가 크게 날수록 더 뜨겁게 혹은 더 차갑게 느껴질 것이라 예상할 수 있습니다. 하지만 온도가 같은데도 왜 다르게 느껴질까요? 이것은 열의 이동과 관계있습니다.

열의 이동 방법 ① 전도

금속을 이루는 입자는 규칙적으로 배열되어 제자리에서 진동하는 운동을 합니다. 금속 막대의 한쪽 끝을 가열하면 가열한 부분의 입자는 활발하게 진동하게 됩니다. 이렇게 활발하게 움직이게 된 입자의 옆에 있는 입자도 이 입자에 의해 움직임이 활발하게 바뀌어요. 이러한 움직임이 이웃한 입자에게 차례로 전달되면서 다른 쪽 끝에 있는 입자의 움직임까지 활발해지고, 금속 전체가 뜨거워지게 됩니다. 이렇게 입자가 바로 옆의 입자에게 직접 열을 전달하는 열의 이동을 '전도'라고 합니다.

물질의 종류에 따라 열을 전달하는 속도가 다릅니다. 같은 온도의 물체에 손을 대더라도 더 빠르게 열을 전달하는 물체는 나에게서 열을 더 빨리 빼앗아 가요. 그래서 같은 시간 동안 더 많은 열을 잃은 나는 그 물체를 더 차갑게 느낍니다.

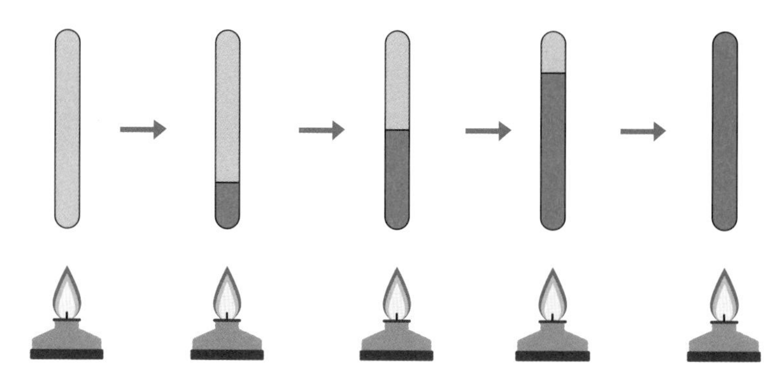

금속 막대의 한쪽 끝을 가열하면 가열한 부분부터
열이 전달되면서 온도가 올라간다

열의 이동 방법 ② 복사

겨울철 난로나 모닥불 옆에 있으면 따뜻함을 느낄 수 있습니다. 하지만 나와 난로 사이에 친구가 서서 난로를 가리면 갑자기 따뜻함이 줄어드는 것을 느끼게 됩니다. 이것은 나에게 오던 열을 친구가 막고 있기 때문입니다. 대신 친구는 열을 받아 따뜻함을 느낄 거예요. 난로 옆에서 내가 따뜻함을 느낄 때의 열 이동에는 두 가지가 있습니다. 하나는 열이 직접 이동하여 전달되는 '복사'입니다. 난로의 니크롬선이 가열되고 그곳에서 열이 직접 나와 이동하고 있는 것입니다. 여름철 냉방 중인 빈 교실에 처음 들어가면 시원하지만 곧 친구들이 교실에 다 들어오면 더워지죠? 이는 사람 몸에서도 열이 복사의 형태로 나오고 있기 때문입니다. 교실은 나를 비롯한 친구들이 내놓는 열에 의해 온도가 올라가고, 우리는 처음 교실에 들어갔을 때보다 덥게 느끼는 거예요.

태양과 모닥불에서 오는 열은 복사의 형태로 전달된다

적외선 온도계로 물체의 온도를 측정할 수 있는 것도 물체의 표면 온도에 따라 열을 '복사'하는 정도가 다르기 때문입니다.

열의 이동 방법 ③ 대류

열이 이동하는 또 다른 방법은 '대류'입니다. 난로의 복사열에 의해 주변 공기가 데워지면 뜨거워진 공기 입자의 운동이 활발해져 거리가 서로 멀어지고, 같은 부피의 다른 공기보다 가벼워져서 위로 올라가게 됩니다. 상대적으로 온도가 낮은 공기는 무거워져서 아래로 내려와 난로에 의해 데워지고, 실내의 온도는 전체적으

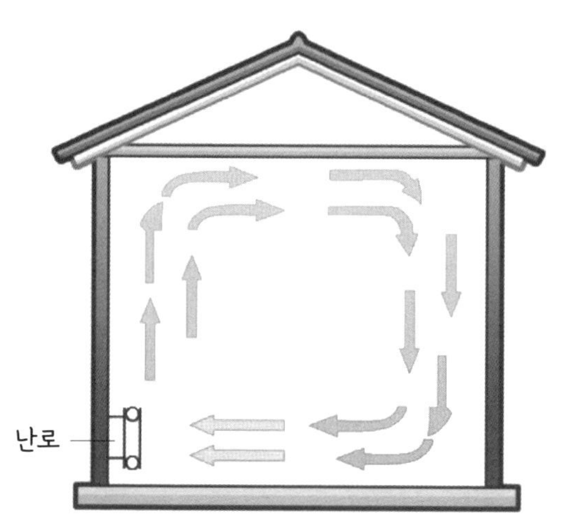

난로의 복사열에 의해 데워진 공기가
대류로 실내에 열을 전달하여 실내의 온도가 올라간다

로 높아져요. 냄비의 물을 가열하면 열을 얻은 물 입자의 운동이 활발해지면서 입자 사이의 거리가 멀어지고, 뜨거워진 물은 가벼워져서 위로 이동하게 됩니다. 찬물은 위에서 아래로 내려와 가열되고, 물은 전체적으로 온도가 올라가지요. 이처럼 대류는 액체나 기체 물질을 구성하는 입자가 직접 이동하여 열을 전달하는 방법입니다.

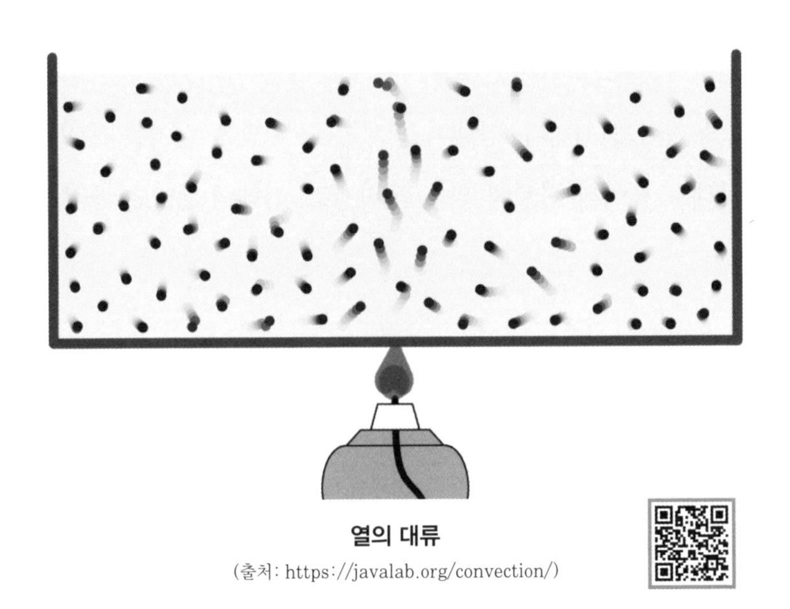

열의 대류

(출처: https://javalab.org/convection/)

열의 이동을 막아볼까요?

열은 이동합니다. 여름에는 바깥의 열이 실내로 들어와 실내의 온도가 올라가서 냉방을 하고, 겨울에는 실내의 열이 바깥으로 빠져나가 실내의 온도가 내려가서 난방을 합니다. 열의 이동을 차단하면 냉난방을 조금 덜 할 수 있지 않을까요?

우리는 열의 이동을 차단하기 위해 벽면에 스타이로폼 단열재를 넣어 집을 짓고, 이중창을 설치하고, 블라인드나 커튼을 답니다. 스타이로폼에는 공기층이 많습니다. 이중창 사이에도 공기층이 있습니다. 이 공기층은 열전도를 차단하는 역할을 합니다. 진공 보온병은 이중벽 사이를 진공으로 하여 열이 전도되는 것을 막아 오랫동안 내용물의 온도를 유지하지요. 또한 보온병 내부의 반짝이는 벽은 빛과 열을 잘 반사하여 복사에 의한 열 전달을 막아줍니다. 블라인드나 커튼은 복사된 열을 차단하는 역할을 해요. 누군가 난로와 나 사이를 가로막으면 따뜻함이 덜해지는 것과 같은 효과입니다. 이처럼 열의 전달을 막는 것을 단열이라고 합니다.

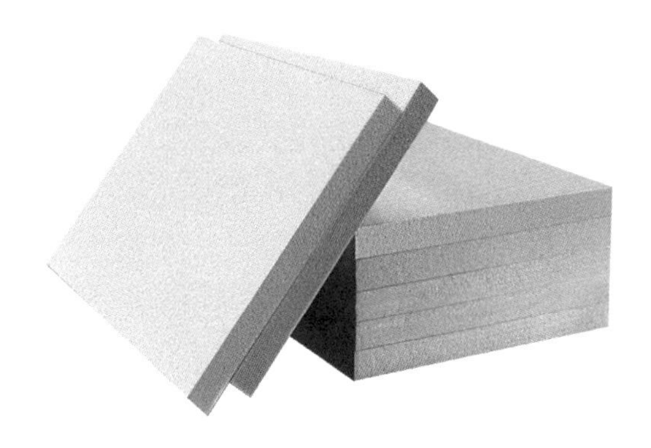

단열재

보온을 하거나 열을 차단할 목적으로 쓰는 재료

보온병

주위의 온도에 관계없이 일정한 온도를 유지하도록 만들어진 병

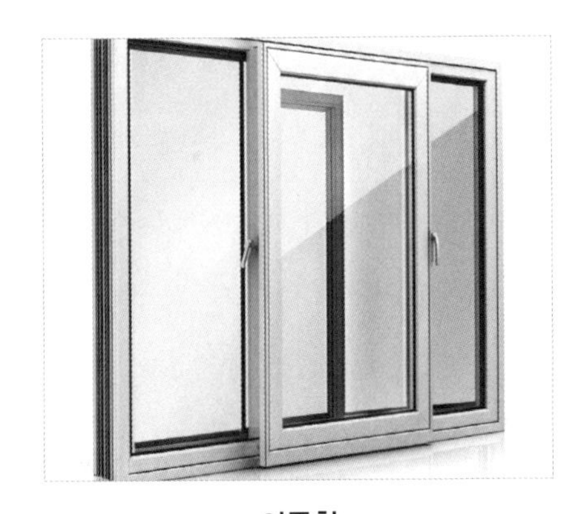

이중창

온도의 변화나 밖의 소음을 막기 위하여 이중으로 만든 창

이것만은 알아 두세요

1. 전도: 입자의 운동이 주변 입자에 직접 전달되어 열이 이동하는 현상
2. 대류: 액체나 기체에서 입자가 직접 이동하며 열이 이동하는 현상
3. 복사: 물질을 통하지 않고 열이 직접 이동하는 현상
4. 단열: 열의 이동을 막는 것

풀어 볼까? 문제!

1. 냉·난방 기구는 열의 이동을 이용하는 물품이다. 아래 냉·난방 기구에서 공통으로 이용된 열의 이동 방법은 무엇일까?

온수 매트, 온풍기, 난로, 온열기, 에어컨

2. 음식 배달 가방의 안쪽은 알루미늄 소재로 되어 있어 열의 이동 방법 중 '이것'을 효과적으로 막을 수 있다. 어떤 이동 방법일까?

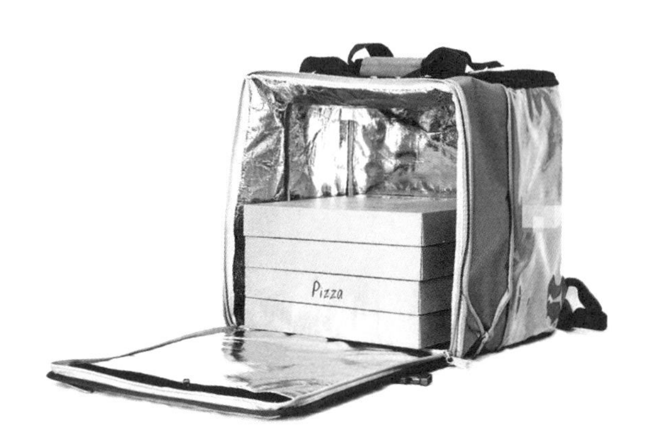

정답

1. 모두 액체 또는 기체를 사용하는 냉·난방 기구이므로 공통적으로 '대류'를 이용한다.

2. 알루미늄은 열을 반사하기 때문에 '복사'에 의한 열 이동을 막을 수 있다. 아이스크림을 넣는 비닐봉지도 내부는 은박지로 되어 있다.

〔점프 활동〕 배운 내용으로 고민하기 / 직접 해보기

보온병의 구조를 확인하고 우리집의 단열을 높일 수 있는 방법을 제안해 보자.

정답

은도금 - 창문에 단열 필름을 부착하여 복사에 의한 열 이동을 막는다.
이중벽 - 창문을 이중창으로 하여 열이 전도되는 것을 막는다.
진공 - 이중창 사이를 진공으로 하여 전도와 공기 대류에 의해 열이 이동하는 것을 막는다.

우리반 단톡방

선생님

얘들아 ~ 방학 잘 보내고 있니?

한언

네 ~

네!

동우

네, 잘 보내고 있어요.

한언

선생님도 잘 보내고
계세요?

선생님

그럼, 나도 잘 보내고 있지. 선
생님은 파리에서 열리는 올림
픽을 보면서 우리나라 선수들
을 응원하고 있단다.

저도 많이 보고 있어요.

동우

저도요!

선생님

아, 잠깐 퀴즈! 파리 하면 생각나는 구조물, 사진 속 이 탑 이름을 아니?

한언

에펠탑이요!

선생님

오, 아는구나!
그런데 이 에펠탑의 높이가 얼마나 될까?

324m

한언

330m

동우

320m

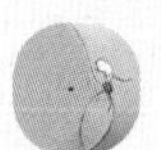
한윤

335m

선생님

모두 정답이에요!

네? 모두 정답이라고요?

한언

엥? 에펠탑 높이가 늘어나거나
줄어드나요?

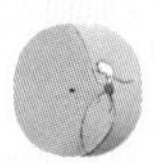
한윤

선생님, 정확하게 알려주세요!

선생님

하하하! 모두 맞아!^^

#

비열과 열팽창

에펠탑의 높이는 어떻게 될까요?

에펠탑의 공식 높이는 324m이지만 전체가 철근으로 이루어져 있어서 온도 차이에 따라 10~20cm의 차이를 보일 수 있습니다. 이는 금속 물질의 열팽창에 따른 현상입니다. 열팽창은 열을 받아 온도가 높아지면 물질을 이루고 있는 입자 운동이 활발해지면서, 입자 사이의 거리가 멀어져 물체의 길이와 부피가 증가하게 되는 현상을 말합니다. 따라서 뜨거운 여름에는 에펠탑이 평소보다 높아지게 되죠. 이번 단원에서는 열팽창의 원리에 대해 자세히 알아보겠습니다.

찌개는 뚝배기에, 라면은 양은 냄비에 끓여야지!

라면은 어디에 끓여야 맛있을까?

도윤: 어젯밤에 아빠가 라면을 끓여주셨는데, 라면이 완전히 퉁퉁 불어서 맛이 없었어.

한언: 아빠가 라면 잘 못 끓이시나 보다. 우리 아빠는 잘 끓이시는데!

도윤: 아니야, 원래 엄청 잘 끓이시는데, 냄비가 없어서 뚝배기에 끓여 달라고 했거든. 뚝배기에 끓여서 맛이 없었나?

한언: 우리 아빠는 라면은 항상 얇은 양은 냄비에 끓여주셨어.

도윤: 뚝배기에서 라면이 보글보글 끓는 게 엄청 맛있어 보였는데…. 그런데 생각해 보니까 라면이 너무 뜨겁긴 했어. 잘 식지도 않고.

뚝배기에 담겨 보글보글 끓고 있는 라면과 노란 양은 냄비에 끓인 라면 중 어느 것이 더 맛있을까요? 뚝배기에 담긴 라면은 잘 식지 않아서 라면의 면이 금세 푹 익어 쫄깃함이 사라져요. 반면 양은 냄비의 라면은 금방 식어서 면발의 쫄깃함이 계속 남아 있지요. 뚝배기의 라면은 왜 잘 식지 않을까요? 바로 물질마다 뜨거워지거나 식는 시간이 다르기 때문입니다. 조금 더 자세히 알아볼까요?

물질마다 뜨거워지거나 차가워지는 시간이 달라요

한여름 해수욕장의 모래사장을 밟아본 적 있나요? 맨발로 밟는 모래는 뜨거운데, 바닷물에 발을 담그면 차가워서 놀라게 되지요. 요즘에는 도심의 수영장도 많이 이용하지요? 수영장에 들어가기 전 돌바닥을 밟았을 때는 따뜻했는데, 같은 공간의 물은

해수욕장을 맨발로 걸어보면 모래사장과 바닷물의 온도가 다르다는 것을 느낄 수 있다

상대적으로 차가웠던 경험이 있나요? 모래사장을 뜨겁게 달군 것도, 수영장의 돌바닥을 달군 것도 모두 하늘의 태양입니다. 그런데 이 태양은 바다와 수영장의 물을 똑같이 달구고 있는데, 우리는 왜 온도를 다르게 느꼈을까요?

맨발로 수영장을 걸으면 수영장 바깥쪽의 돌바닥과 물의 온도가 다른 것을 느낄 수 있다

이것은 같은 양의 열을 받아도 온도가 올라가는 정도가 물질마다 다르기 때문입니다. 모래는 물보다 온도 변화가 크게 나타나요. 그래서 한낮에는 햇빛을 받아 온도가 빠르게 올라가고 해가 지면 열을 금방 잃어 온도가 빠르게 내려갑니다. 그래서 해가 지고 바닷가를 맨발로 걸으면 모래는 낮보다 차갑게 느껴지지만, 바닷물은 그보다 따뜻하게 느껴져요. 모래보다 온도 변화가 느린

바닷물은 낮 동안 데워진 물이 아직 열을 많이 잃지 않아 상대적으로 따뜻하게 느껴지는 것이지요.

이와 관련된 과학적 용어가 '비열'입니다. 비열은 어떤 물질 1kg의 온도를 1℃ 높이는 데 필요한 열량(kcal, 킬로칼로리) 또는 어떤 물질 1g의 온도를 1℃ 높이는 데 필요한 열량(cal, 칼로리)입니다. 그래서 비열은 단위로 kcal/(kg·℃)(킬로칼로리 퍼 킬로그램·도씨) 또는 cal/(g·℃)(칼로리 퍼 그램·도씨)를 사용합니다.

비열로 물질을 구별할 수 있어요

열량은 온도가 다른 물질이 있을 때 온도가 높은 물질에서 온도가 낮은 물질로 이동하는 열의 양입니다. 비열은 물질마다 달라서, 겉으로 봤을 때 비슷한 물질도 비열을 비교하면 구별할 수 있습니다.

같은 물질이라도 상태에 따라 비열이 달라요. 그래서 같은 양의 열을 얻어도 같은 양의 수증기, 물, 얼음의 온도 변화량은 다르게 나타납니다.

같은 양의 열을 같은 종류의 물질에 주더라도 물질의 양에 따라 온도 변화가 다르게 나타나기도 하지요. 이는 열용량이 다르기 때문입니다. 열용량은 어떤 물질의 온도를 1℃ 높이는 데 필요한 열량(kcal)입니다. 열용량은 질량에 비례하기 때문에 어떤 물체의 비열을 알고 있으면, 질량과 비열을 곱하여 계산할 수 있어요.

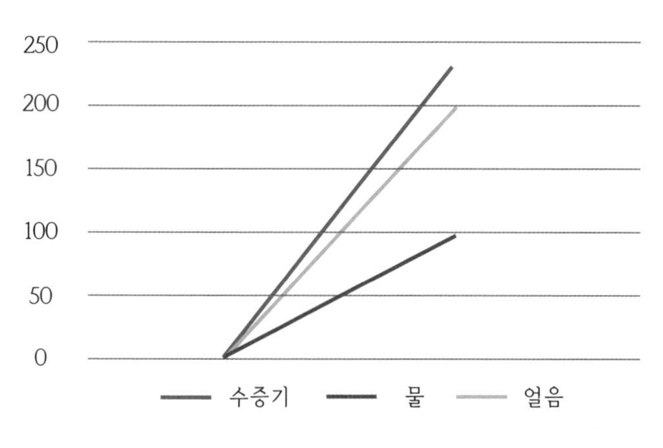

상태에 따른 온도 변화량

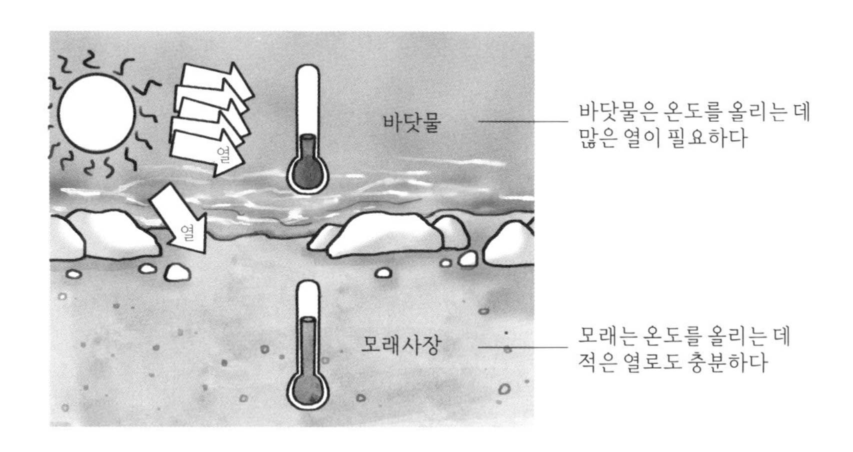

물은 다른 물질에 비해 비열이 커요. 그래서 바닷물이 같은 양의 모래와 같은 온도가 되려면 모래보다 더 많은 열을 얻어야 합니다.

우리는 생활 곳곳에서 비열이 높은 물의 특성을 이용하고 있어요. 겨울철 뜨거운 물을 넣은 물주머니를 보온 팩으로 활용하면 비열이 높은 물이 잘 식지 않아 오랫동안 따뜻하게 활용할 수 있

보온 온수 찜질팩

자동차 냉각수

습니다. 자동차 냉각수는 비열이 높은 물이 많이 포함되어 있어 온도 변화가 잘 일어나지 않아 자동차 엔진의 온도가 심하게 오르는 것을 막아줍니다.

금속 프라이팬

뚝배기의 라면

간식으로 먹는 라면은 쫄깃한 면발이 생명이죠. 조금만 과하게 가열해도 면발이 불어 라면 양이 엄청나게 많아집니다. 그래서 라면을 끓일 때는 비열이 큰 뚝배기보다는 빨리 달궈지고 빨리 식는 양은 냄비처럼 얇은 냄비를 이용하는 것이 좋습니다. 대신 오랫동안 따뜻한 국물을 먹고 싶은 찌개류는 비열이 커서 천천히 식는 뚝배기를 이용하여 조리하는 게 좋지요. 프라이팬은 양은 냄비처럼 비열이 작은 금속으로 만들어져 있어 열을 가하면 빠르게 뜨거워져 음식을 빠르게 익힐 수 있습니다.

비열이 작은 물질을 활용한 또 다른 예시로 난방용 온수관이 있습니다. 따뜻한 물이 지나가면 온수관이 빠르게 따뜻해지면서 바닥에 열을 전달하여 방의 온도를 높이는 역할을 합니다. 또한, 온수관 속 물은 잘 식지 않아 오랫동안 따뜻하게 유지할 수 있어요.

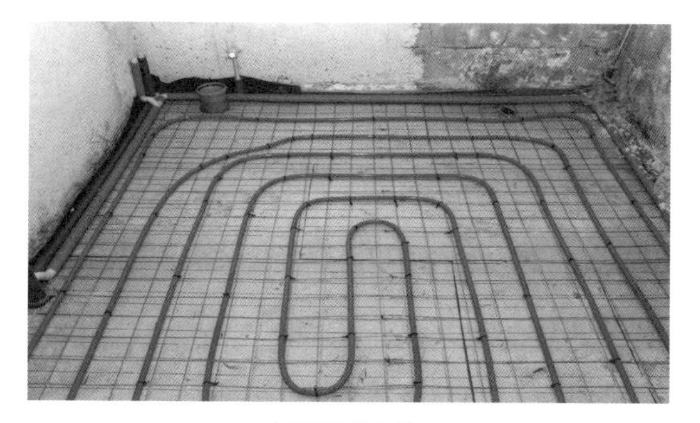

난방용 온수관

이것만은 알아 두세요

1. 비열: 어떤 물질 1kg의 온도를 1℃ 높이는 데 필요한 열량(kcal) 또는 어떤 물질 1g의 온도를 1℃ 높이는 데 필요한 열량(cal). 단위는 kcal/(kg·℃), cal/(g·℃)을 사용한다.
2. 열량: 온도가 다른 물질 사이에서 이동하는 열의 양
3. 열용량: 어떤 물질의 온도를 1℃ 높이는 데 필요한 열량(kcal)

풀어 볼까? 문제!

1. 똑같은 냄비 2개를 준비하여 한쪽에는 튀김을 위해 콩기름을 넣고, 한쪽은 라면을 끓이기 위해 물을 넣고 가열했다. 같은 양을 넣었을 때, 어떤 냄비가 빨리 끓을까? 그 이유는 무엇일까?

2. 40도 이상의 물에는 화상을 입을 수 있지만 70도의 사우나실에서는 화상을 입지 않는다. 왜 그럴까?

3. 온도가 다른 두 물체를 접촉시켰을 때 높은 온도의 물체에서 낮은 온도의 물체로 열이 이동하여 온도가 같아지는 열평형 상태에 도달했다. 그런데 그래프를 보면 온도가 낮았던 물체보다 온도가 높았던 물체의 온도가 더 많이 변했다. 왜 그럴까?

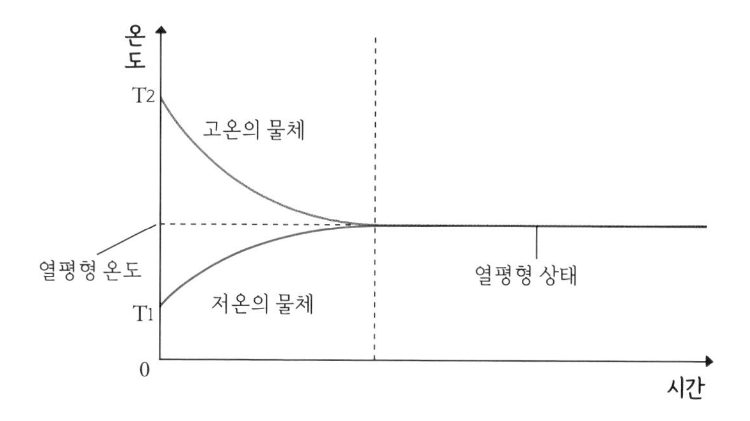

정답

1. 콩기름이 담긴 냄비가 더 빨리 끓는다. 콩기름이 물보다 비열이 낮아 같은 양을 가열할 경우 온도 변화가 더 크기 때문이다.

2. 피부에 닿는 물의 양보다 사우나에서 피부에 닿는 수증기의 양이 훨씬 적기 때문이다. 그래서 물보다 수증기의 열용량이 매우 작고 우리 몸으로 전달되는 열의 양이 물보다 수증기가 많이 적어 화상을 입지 않는 것이다.

3. 두 물체의 양이 같은 경우 높은 온도의 물체가 낮은 온도의 물체보다 비열이 작아 온도 변화가 크다. (같은 물질인) 두 물체의 비열이 같은 경우는 높은 온도의 물체가 낮은 온도의 물체보다 양이 적어 온도 변화가 크다. 즉, 양이 적고 비열이 작을수록 온도 변화가 크다.

〔점프 활동〕 배운 내용으로 고민하기 / 직접 해보기

지구온난화로 증가한 열의 대부분은 바다가 흡수하고 있다. 그 양을 히로시마에 떨어졌던 원자폭탄으로 바꿔서 생각해 보면 1초에 원자폭탄 4~5개가 폭발하는 수준이다. 많은 양의 열이 바다에 흡수되고 있기 때문에 온도가 쉽게 올라가지 않는 바닷물의 특성에도 불구하고 바닷물의 온도가 올라가고 있다. 문제는 이 바닷물이 한번 데워지면 잘 식지도 않는다는 것이다. 배운 내용을 바탕으로 그 이유를 설명해 보자.

정답

바닷물은 대부분 물로 이루어져 있고, 물은 비열이 큰 물질이다. 그래서 열을 받았을 때 온도가 천천히 올라가고, 열을 잃었을 때 온도가 천천히 내려간다.

기찻길 중간중간에 틈은 왜 있는 걸까?

기찻길이나 지하철 철로 사이에 틈이 있어도 괜찮을까요?

혹시 기찻길이나 지하철의 철로를 유심히 본 적이 있나요? 주의깊게 살펴보면 철로 사이 사이에 좁은 틈이 있는 것을 발견할 수 있을 것입니다. 이는 안전을 위해서 일부러 만든 것입니다. 만일 철로 사이에 틈이 없으면 어떻게 될까요? 뜨거운 여름에는 오른쪽 사진처럼 철로가 구불구불한 뱀처럼 휘게 될 거예요. 왜 그럴까요? 이것은 뜨거운 여름철에 철로의 길이가 늘어나기 때문입

니다. 조금 더 자세히 알아볼까요?

건물벽의 가스관들은 왜 구부러져 있을까요?

동네를 거닐다 보면 건물들 벽면에 가는 관들이 지나가는 것을 볼 수 있습니다. 이 관들은 가스관으로, 각 가정에 가스를 공급해 줍니다. 땅속으로 이어지는 관들을 자세히 관찰해 보면 중간중간 구부러져 있는 것을 볼 수 있습니다. 왜 멀리 돌아가는 길을 만들어 놓았을까요? 그리고 더운 여름 하늘을 올려다보면 전봇대에 걸려 있는 전깃줄이 늘어져 있는 것을 볼 수 있습니다. 겨울에는 팽팽했던 것 같았는데, 여름에는 왜 길이가 길어졌을까

각 가정에 가스를 공급해 주는 가스관

요? 다리 이음새 틈은 왜 계절에 따라 달라질까요? 기차가 다니는 철길에는 왜 중간중간 틈이 있는 걸까요?

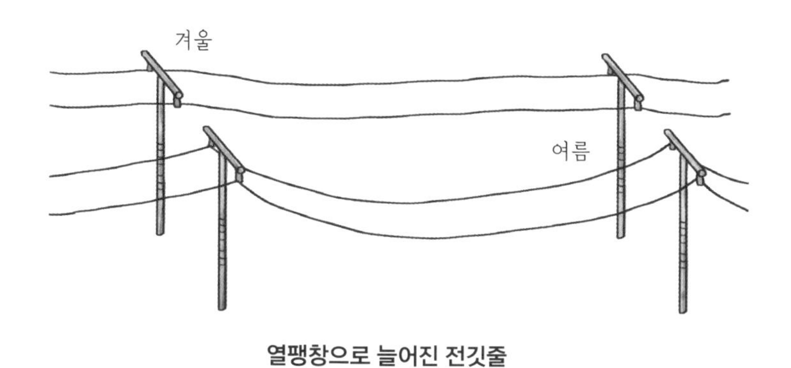

열팽창으로 늘어진 전깃줄

다리 위 자동차 도로에서 볼 수 있는 다리의 이음새

고체 상태인 어떤 물체를 입자라는 모형으로 표현하면, 입자 사이의 거리가 가깝고 규칙적으로 줄지어 배열되어 있습니다. 입자는 물체의 성질을 나타내는 가장 작은 알갱이입니다. 이 입자들은 정지해 있지 않고 제자리에서 쉼 없이 진동하는 운동을 하고 있습니다. 이러한 물체가 열을 받아 온도가 올라가면 입자는 더 활발하게 진동하고 입자 사이가 조금씩 멀어집니다. 자리 이동은 하지 않고, 진동하는 폭이 길어지는 거예요. 이렇게 입자가 진동하면서 입자 사이의 거리가 조금씩 멀어지면 고체의 부피가 팽창하게 되는데 이를 '열팽창'이라고 합니다. 우리나라는 계절에 따라 온도 변화가 크게 나타납니다. 따라서 사용하는 재료가 온도에 따라 열팽창하는 정도가 큰 경우, 이를 고려하여 설치해야 하지요.

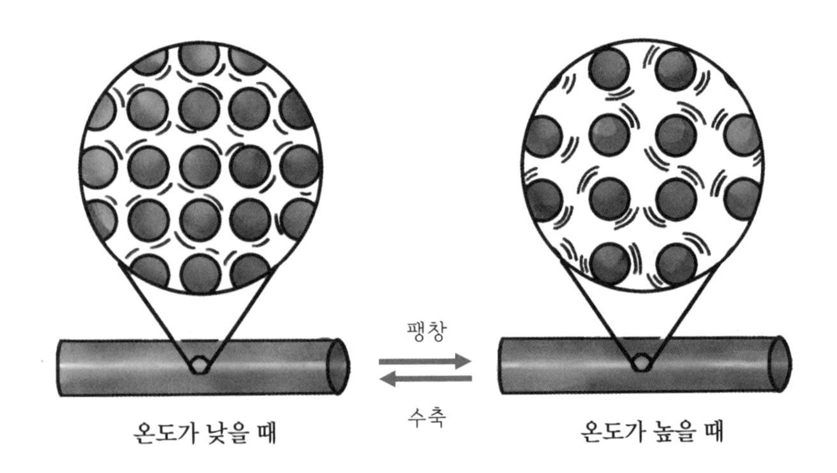

참고 바이메탈

열팽창 정도가 다른 두 금속을 붙여 만든 것으로, 온도에 따라 휘는 방향을 이용하여 전원을 연결하거나 차단하는 스위치로 활용됩니다. 그림의 강철은 놋쇠보다 열팽창 정도가 낮은 금속입니다. 실온에서는 접촉이 일어나 전기 회로가 연결되지만 고온에서는 놋쇠가 강철보다 많이 팽창하여 강철쪽으로 휘게 되어 접촉이 끊어지는 효과가 일어나 전원이 차단됩니다. 전기주전자나 전기다리미와 같은 전열기의 온도 조절용으로 활용되거나 화재가 발생하였을 때 열로 스위치가 닫혀 경보기를 울리는 용도로 활용됩니다.

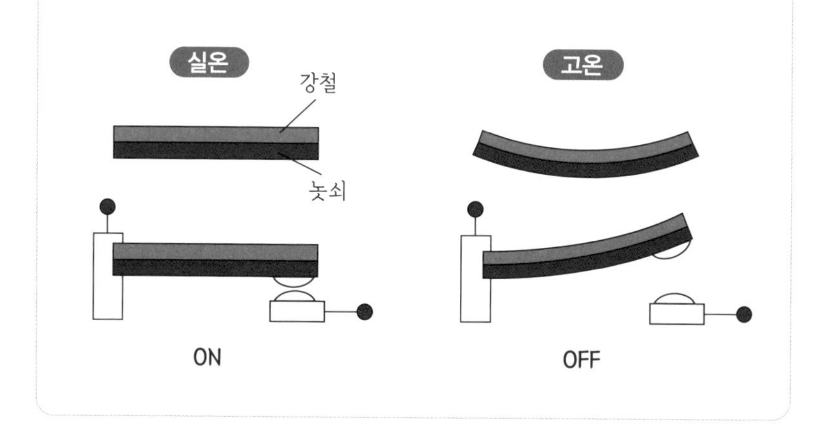

끓인 물이나 얼음물을 담는 유리 용기가 온도에 따른 열팽창

정도가 크다면 온도 차이가 나타나는 경계에서 열팽창 정도가 크게 차이 나서 용기가 깨질 거예요. 그래서 큰 온도 변화에도 안전하게 사용하기 위해서는 열팽창 정도가 작은 내열 유리를 사용해야 합니다.

물을 끓이는 유리는 열팽창 정도가 작은
내열 유리를 사용한다

충치 치료를 받고 치아를 충전재로 메울 때에도 열팽창을 고려한 재료를 사용해야 합니다. 우리는 뜨거운 음식도 먹고 차가운 음식도 먹는데, 그 온도 차로 열팽창이 일어나기 때문입니다. 그래서 온도 변화에 따라 치아와 비슷하게 열팽창을 하는 재료를 사용할수록 치아에서 충전재가 떨어질 가능성이 낮아집니다.

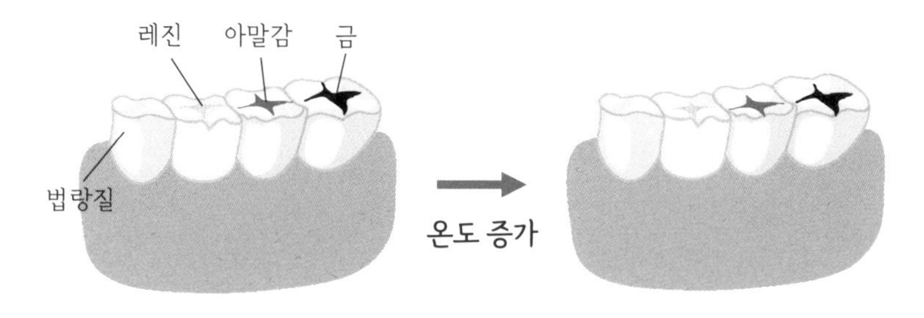

치아 충전재는 치아와 열팽창 정도가 비슷한 재료를 사용한다

이처럼 열팽창이 비슷한 재료를 사용하는 예로 철근 콘크리트가 있습니다. 시멘트, 모래, 자갈, 물을 굳혀서 만드는 콘크리트 안에 수분에 잘 부식되는 철근을 심으면 철근의 부식을 막고 콘크리트의 강도와 내구성도 향상돼요. 철근과 콘크리트의 열팽창 정

철근과 콘크리트는 열팽창 정도가 비슷하다

도가 비슷하기에 계절에 따른 온도 변화에도 건물에 균열이 생기는 것을 막을 수 있습니다.

액체도 열팽창을 할까요?

물체를 이루는 입자들은 고체 상태일 때보다 액체 상태일 때 더 자유롭게 움직입니다. 고체보다 입자가 불규칙적으로 배열되어 있고 입자 사이의 거리가 조금 멀어져 서로 자리를 바꿀 수 있을 정도의 공간이 생기거든요. 이러한 액체 입자도 열을 받아 온도가 올라가면 운동이 더욱 활발해지고 입자 사이의 거리가 더욱 멀어져요. 그래서 전체적으로 차지하고 있는 공간의 크기인 부피가 커지게 됩니다. 이러한 열팽창으로 부피가 일정하게 변화하는 물질을 이용하여 만든 온도계가 알코올 온도계와 수은 온도계입니다.

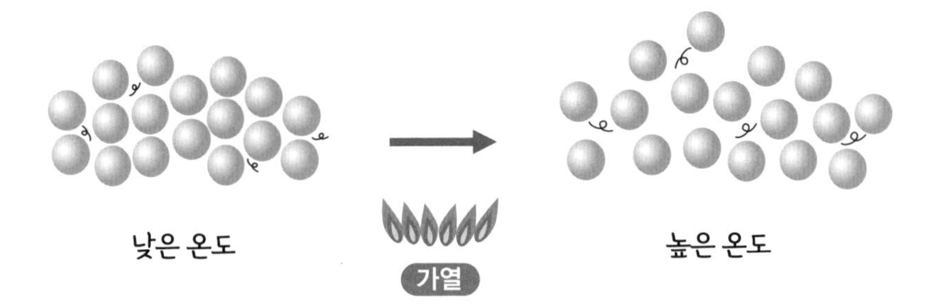

물은 조금 특이해요. 0℃에서 4℃까지는 온도가 올라가도 부피가 작아집니다. 물 입자 사이의 거리가 가까워진다는 것입니다. 4℃부터는 온도가 올라갈 때 물 입자 사이의 거리가 조금씩 멀어지면서 전체적인 부피가 커집니다. 인간의 활동으로 배출된 온실기체에 의해 발생한 지구온난화로 대기의 온도가 올라가면, 지구 표면의 약 70%를 차지하고 있는 바다는 이 대기열의 90% 정도를 흡수하게 됩니다. 이로 인해 바다의 표면 온도도 올라 바다의 부피가 커지고, 해수면이 높아져 섬들이 물에 잠길 가능성이 있음을 알 수 있습니다.

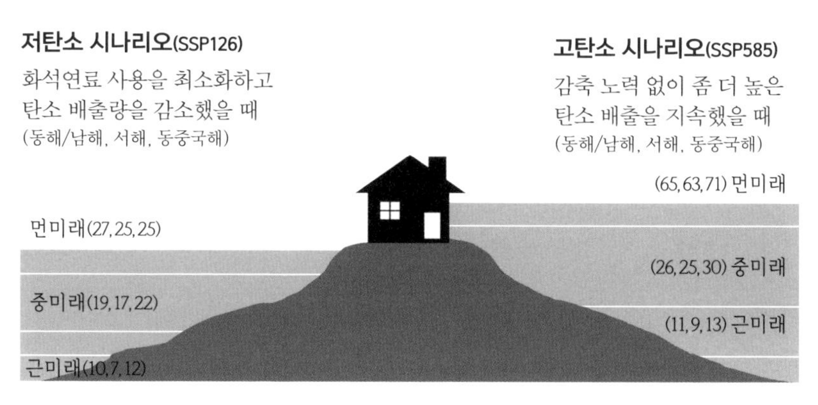

시나리오에 따른 미래 전망(숫자는 해수면 높이 상승폭, 단위 cm)

(출처: 2022.8.31. 국립기상과학원 기후변화예측연구팀 보도자료(평가보고서))

기체의 열팽창은 어떨까요?

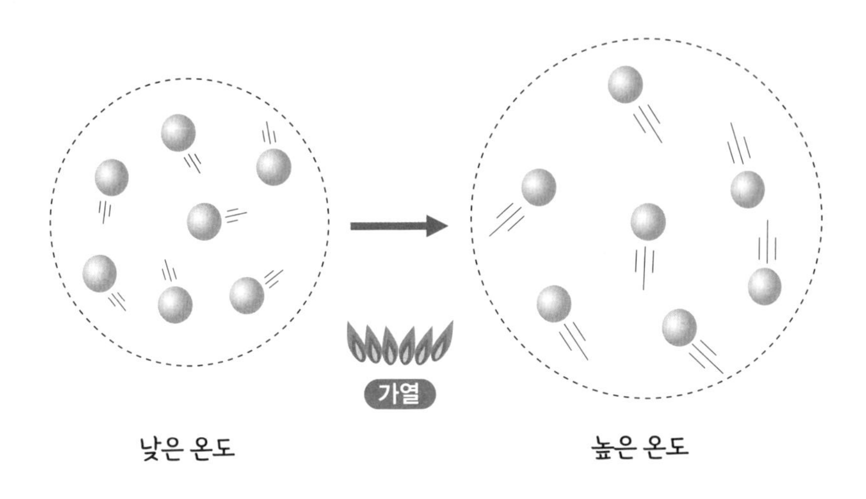

기체 상태의 입자들은 고체나 액체에 비해 매우 불규칙하게 배열되어 있고 활발하게 운동하고 있습니다. 입자 사이의 거리도 상대적으로 멀리 떨어져 있고요. 기체는 열을 받으면 온도가 올라감에 따라 더욱 활발하게 움직이고 입자 사이의 거리가 멀어져 부피가 훨씬 크게 증가합니다. 찌그러진 탁구공에 헤어드라이어로 따뜻한 바람을 쏘이면 탁구공 속 공기 입자들은 열을 받아 활발하게 운동합니다. 이 입자들이 찌그러진 탁구공 안쪽을 강하게 때리면 부피가 늘어남과 동시에 찌그러진 탁구공이 펴지게 됩니다. 하지만 만약 탁구공의 찌그러진 부위에 구멍이 있다면 탁구공 속 공기는 구멍을 통해 밖으로 탈출하게 되고 탁구공은 계속 찌그러진 상태로 있을 것입니다.

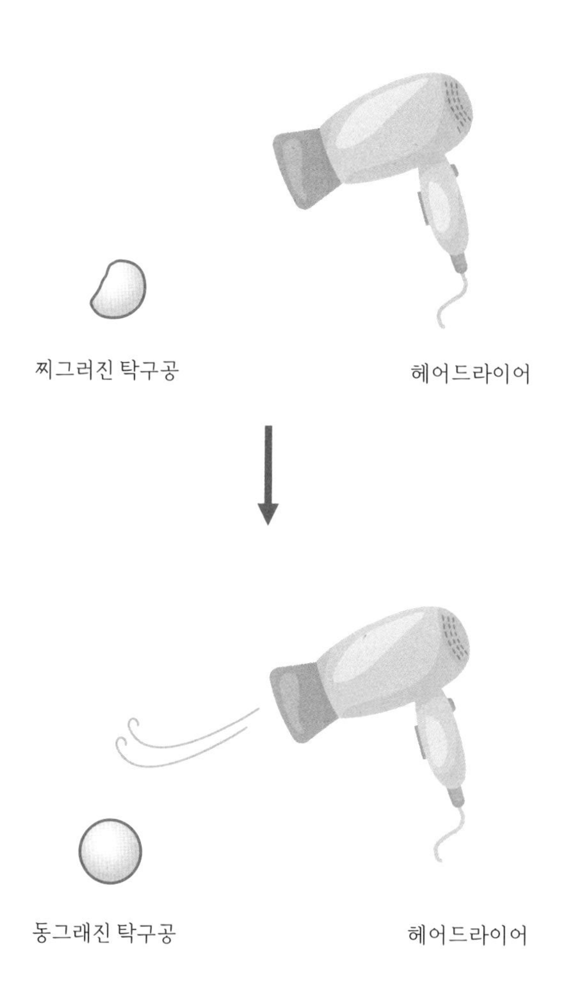

따뜻한 공기는 위로 올라가고 차가운 공기는 아래로 내려오는 대류 현상으로 공기가 움직이는 것도 열팽창과 관계있습니다. 따뜻한 공기를 이루고 있는 입자는 입자 사이의 거리가 멀어서 차가운 공기에 비해 같은 공간에 있는 입자의 수가 적습니다. 그래서 따뜻해진 공기는 상대적으로 가벼워져 위로 올라가고, 차가워진 공기는 상대적으로 무거워져 아래로 내려가요.

이것만은 알아 두세요

1. 열팽창: 온도가 올라가면 입자의 운동이 활발해지고 입자 사이의 거리가 조금씩 멀어지면서 길이와 부피가 팽창하는 현상
2. 열팽창은 고체, 액체, 기체 모든 상태에서 일어나며, 물질의 종류에 따라 열을 받았을 때 열팽창하는 정도가 다르다.

풀어 볼까? 문제!

1. 음료수병에 음료수를 가득 채우지 않는 이유는 무엇일까?

2. 그림과 같이 열팽창 정도가 다른 금속A, 금속B를 붙여 바이메탈을 만들었다. 금속에 열을 가하였을 때 이 바이메탈은 어느 쪽으로 휘게 될까?

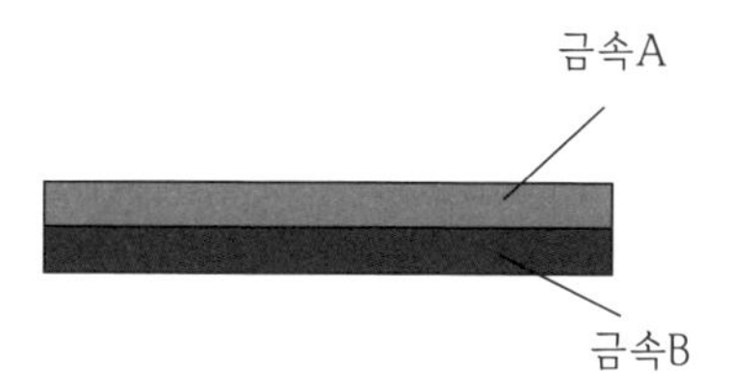

열팽창 정도: 금속A 〉 금속B

정답

1. 음료수병에 음료수를 가득 채우면 온도가 올라갔을 때 음료수의 열팽창으로 뚜껑이 열리거나 병이 파손될 수 있다. 그래서 이를 막기 위해 음료수병에 음료수를 가득 채우지 않고 약간 비워두는 것이다.

2. 열팽창 정도가 큰 금속A가 더 많이 팽창하여 금속B 방향으로 휘게 된다.

〔점프 활동〕 배운 내용으로 고민하기 / 직접 해보기

1. 지구의 온도가 올라가면 해수면이 높아져 육지가 좁아질 것이다. 이를 열팽창으로 설명해 보자.

2. 아래는 찌그러진 탁구공을 열팽창으로 펴는 방법이다. 탁구공이 펴지는 이유를 설명해 보자.

준비물: 찌그러진 탁구공, 헤어드라이어

과정)

1-1. 집게로 찌그러진 탁구공을 고정하여 잡고 찌그러진 탁구공에 헤어드라이어로 뜨거운 공기를 쐰다.

1-2. 집게로 찌그러진 탁구공을 고정하여 잡고 뜨거운 물에 집어넣는다.

2. 탁구공의 모양 변화를 관찰한다.

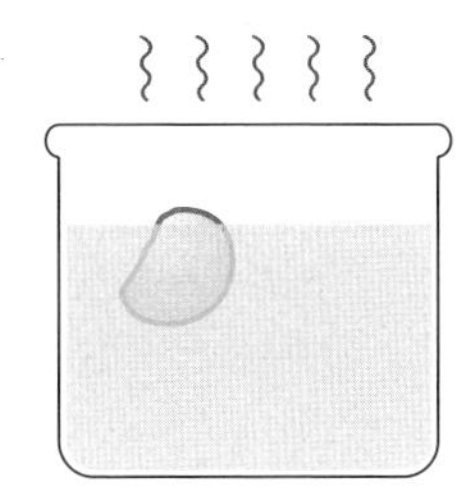

정답

1. 지구 표면의 70%는 바다로 덮여있다. 인간의 활동으로 배출된 온실기체가 쌓여 발생한 지구온난화로 지구의 대기가 데워지면 이 열의 90%는 바다가 흡수한다. 열을 흡수한 바다는 열팽창을 하게 되고 부피가 커지게 되어 해수면이 높아지게 된다.

2. 탁구공 안에 있는 기체의 온도가 올라가 기체 입자의 운동이 활발해진다. 기체 입자는 탁구공 벽에 강하게 충돌하여 찌그러진 탁구공이 펴진다.

한 번만 읽으면 확 잡히는
중등 처음 물리1 힘과 열

2024년 8월 20일 1판 1쇄 펴냄

지은이 | 김민우 · 김희경
펴낸이 | 김철종

펴낸곳 | (주)한언
출판등록 | 1983년 9월 30일 제1-128호
주소 | 서울시 종로구 삼일대로 453(경운동) 2층
전화번호 | 02)701-6911 팩스번호 | 02)701-4449
전자우편 | haneon@haneon.com

ISBN 978-89-5596-958-0 (53400)

만든 사람들
기획 · 총괄 | 손성문
편집 | 배혜진
디자인 | 이화선
일러스트 | 이현지

한언의 사명선언문

Since 3rd day of January, 1998

Our Mission
- 우리는 새로운 지식을 창출, 전파하여 전 인류가 이를 공유케 함으로써 인류 문화의 발전과 행복에 이바지한다.
- 우리는 끊임없이 학습하는 조직으로서 자신과 조직의 발전을 위해 쉼없이 노력하며, 궁극적으로는 세계적 콘텐츠 그룹을 지향한다.
- 우리는 정신적·물질적으로 최고 수준의 복지를 실현하기 위해 노력하며, 명실공히 초일류 사원들의 집합체로서 부끄럼 없이 행동한다.

Our Vision
한언은 콘텐츠 기업의 선도적 성공 모델이 된다.

저희 한언인들은 위와 같은 사명을 항상 가슴속에 간직하고
좋은 책을 만들기 위해 최선을 다하고 있습니다.
독자 여러분의 아낌없는 충고와 격려를 부탁드립니다.
• 한언 가족 •

HanEon's Mission statement

Our Mission
- We create and broadcast new knowledge for the advancement and happiness of the whole human race.
- We do our best to improve ourselves and the organization, with the ultimate goal of striving to be the best content group in the world.
- We try to realize the highest quality of welfare system in both mental and physical ways and we behave in a manner that reflects our mission as proud members of HanEon Community.

Our Vision
HanEon will be the leading Success Model of the content group.